67WS

AUTHORIZED
Training Center

デザインの学校

これから
はじめる

Windows & Mac［対応］

Illustrator
& Photoshop
の本

［2023年最新版］

黒野明子 著　ロクナナワークショップ 監修

技術評論社

本書の特徴

- 最初から通して読むことで、Illustrator と Photoshop の体系的な知識・操作が身につきます。
- 各章で制作したパーツを使い、最後の章でレイアウトして1つの作品に仕上げることができます。
- 練習ファイルを使って部分的に学習することもできます。

本書の使い方

本文は、❶、❷、❸…の順番に手順が並んでいます。この順番で操作を行ってください。

それぞれの手順には、❶、❷、❸…のように、数字が入っています。

この数字は、操作画面内にも対応する数字があり、操作を行う場所と、操作内容を示しています。

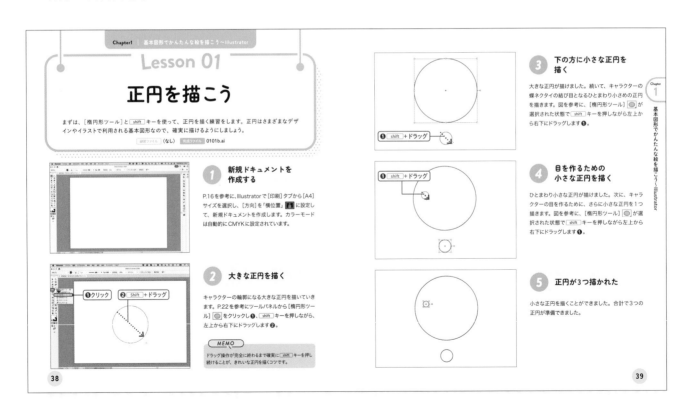

Visual Index

具体的な操作を行う各章の頭には、その章で学習する内容を視覚的に把握できるインデックスがあります。
このインデックスから、自分のやりたい操作を探し、表示のページに移動すると便利です。

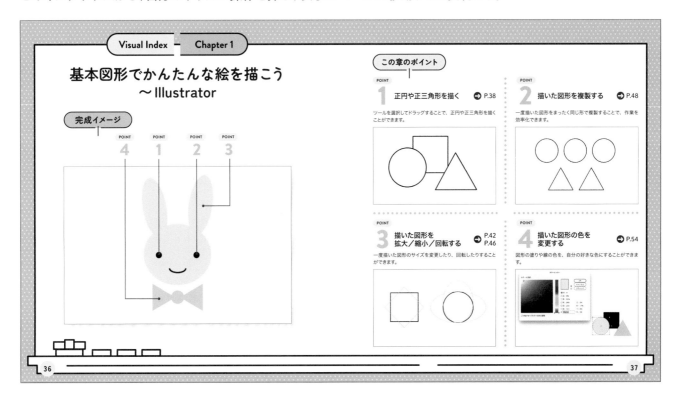

Contents

Chapter

0

Illustrator と Photoshop の 初期設定と基本操作 ————— 11

Chapter 9

制作したパーツをレイアウトしよう
～Illustrator&Photoshop

練習ファイルの利用

練習ファイルについて

本書で使用する練習ファイルは、以下の URL のサポートサイトからダウンロードすることができます。練習ファイルは各章ごとにフォルダで圧縮されているので、ダウンロード後はデスクトップ画面にフォルダを展開してからご使用ください。

https://gihyo.jp/book/2023/978-4-297-13481-5/support

各章ごとのフォルダには、各節で使用する練習用のファイルが入っています。それぞれのファイル名の末尾には、各節の最初の状態の練習ファイルの場合は「a」、最後の状態の完成ファイルの場合は「b」の文字がついています。そのほか、各章で使用する写真などの素材ファイルが含まれている場合があります。

なお、ファイルを開く際にフォントがない旨のアラートが出る場合は、自分のマシン環境にインストールされているフォントに置き換えてください。また、第 9 章のサンプルファイルは、[CC ライブラリ] へのリンクを解除しているのでご注意ください。

練習ファイルのダウンロード

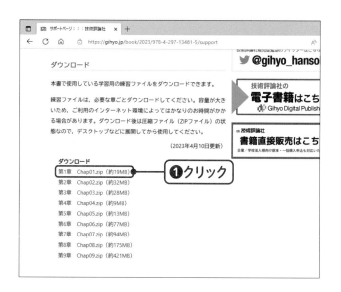

1 Web ブラウザを起動し、上記サポートサイトの URL を入力して return キー（Windows では Enter キー）を押します❶。

2 表示された画面をスクロールし、ダウンロードしたいファイルをクリックすると❶、ダウンロードが行われます。

Chapter

IllustratorとPhotoshopの
初期設定と基本操作

制作を始める前に、IllustratorとPhotoshopにおける新規ドキュメントの作成や基本的な操作方法、作業環境の設定について学んでおきましょう。本書の学習に合わせた初期設定もあるので、必ずひと通り確認してください。

Illustrator と Photoshop の 初期設定と基本操作

● Illustrator の画面構成

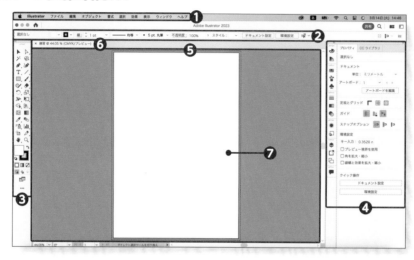

● Photoshop の画面構成

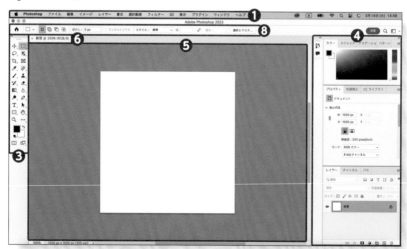

❶メニュー

作業別に分けられた各項目のメニューです。Windows版と
Mac版とでは、表示の一部が異なります。図はMac版での
表示です。

❷コントロールパネル

Illustratorで選択するオブジェクトやツールに合わせて、設
定できるオプションが表示されます。「初期設定（クラシック）」
のワークスペースを選択すると表示されます。

❸ツールパネル

イラストや画像の描画・加工に使うツール類がグループごとに
格納されています。使いたいツールをクリックすると、そのツー
ルを使うことができます。右下に◢のついたツールを長押しす
ると、隠れているツールが表示され選択できます。なお、本
書ではツールパネルを2列に表示した状態で作業を行います。

❹パネル

Illustratorではイラストの色や線の太さなどの変更、
Photoshopではレイヤーの管理や色調補正・描画色の変更
といった、各種設定に必要なパネルがグループごとに格納さ
れています。パネルは、配置場所を移動したり、展開もしく
はアイコン化したりして使いやすく表示することができます。

❺ドキュメントウィンドウ

イラストや画像を表示するウインドウです。作業に合わせて
拡大したり縮小したりすることもできます。

❻タブ

ドキュメントのファイル名を表示します。複数のドキュメント
を開いているときは、タブをクリックして表示するドキュメン
トを切り替えることができます。

❼アートボード

Illustratorでの印刷可能な領域です。オブジェクトを配置し
て、イラストやロゴなどを作成します。Photoshopでも、デー
タの作り方によってアートボードを利用することが可能です。

❽オプションバー

Photoshopで選択するオブジェクトやツールに合わせて、
設定できるオプションが表示されます。

Lesson 01

アプリケーションの起動

IllustratorとPhotoshopの起動方法を紹介します。ここでは、Illustratorを例に手順を解説します。すが、Photoshopでも同様の操作で行えます。

練習ファイル （なし）　完成ファイル （なし）

● Windowsの場合

1 スタートボタンをクリックする

［スタート］ボタンをクリックし❶、［すべてのアプリ］をクリックして表示されるアプリケーションの一覧からIllustratorのアイコンをクリックします❷。

> **MEMO**
>
> Photoshopの場合は、同様にしてアプリケーションの一覧からPhotoshopのアイコンをクリックします。

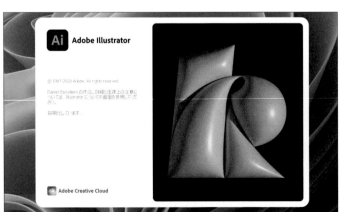

2 アプリケーションが起動する

スプラッシュスクリーンが表示され、しばらくするとIllustratorが起動します。

> **MEMO**
>
> アプリケーションを終了する場合は、［ファイル］メニュー→［終了］の順にクリックします。

14

● Mac の場合

1 Launchpadを開く

DockのLaunchpadのアイコンをクリックし❶、
Illustratorのアイコンをクリックします❷。

> **MEMO**
>
> Photoshopも同様の手順で起動できます。

2 アプリケーションが起動する

スプラッシュスクリーンが表示され、しばらくすると
Illustratorが起動します。

> **MEMO**
>
> アプリケーションを終了する場合は、[Illustrator]メニュー
> →[Illustratorを終了](Photoshopの場合は[Photoshop]
> メニュー→[Photoshopを終了])の順にクリックします。

CHECK

起動後に表示される画面

IllustratorやPhotoshopを起動したあとに、ファイルのアクセスに
関するダイアログボックスが表示された場合は[OK]ボタンをクリック
します。また、新機能に関する画面が表示された場合は、[次へ]ボ
タンをクリックして新機能を確認するか、[×]ボタンをクリックしてウィ
ンドウを閉じてください。

Lesson 02

新規ドキュメントの作成

Illustrator と Photoshop では、先に新規ドキュメントを作成しておくと、作業環境の細かな設定が しやすくなります。まずは、ドキュメントの作成方法について見ていきましょう。

練習ファイル （なし）　完成ファイル （なし）

● Illustrator の場合

1 ［新規ファイル］を クリックする

Illustrator 起動後に表示されるホーム画面で［新規 ファイル］をクリックします❶。

2 ［印刷］をクリックする

［新規ドキュメント］ダイアログボックスが表示され ました。ここで、利用用途に応じてドキュメントの 設定を行っていきます。ここでは、［印刷］タブをクリッ クします❶。

③ ［A4］をクリックする

［印刷］タブの内容が表示されました。よく利用されるサイズがあらかじめ設定されているので、ここでは、［A4］をクリックします❶。

④ ドキュメントに 名前を付けて作成する

右側の［プリセットの詳細］欄に、A4サイズのドキュメントに関する情報が表示されました。［名称未設定-1］と表示されている欄の文字をすべて消して「練習」と入力し❶、右下の［作成］ボタンをクリックします❷。

MEMO

そのほかにも、［方向］でドキュメントの縦横の向き、［裁ち落とし］で裁ち落としのサイズ、［詳細オプション］でカラーモードや解像度を設定することができます。

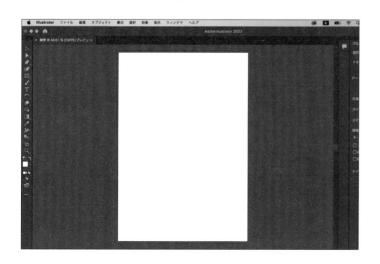

⑤ 新規ドキュメントが 作成された

ここまでの操作により、印刷用のA4サイズ、縦位置のドキュメントが作成されました。

MEMO

初回操作時、画面に説明用のアニメーションが表示されることがあります。

● Photoshop の場合

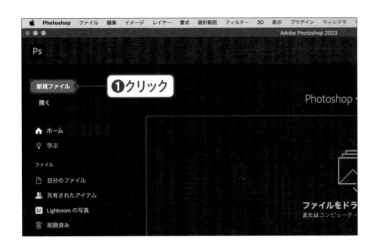

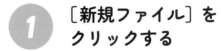

1 [新規ファイル] を クリックする

Photoshop起動後に表示されるホーム画面で[新規ファイル]をクリックします❶。

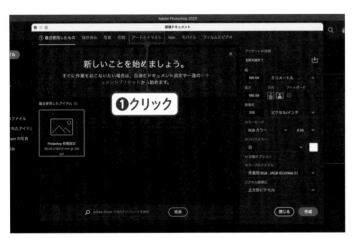

2 [アートとイラスト] を クリックする

[新規ドキュメント]ダイアログボックスが表示されました。ここで、利用用途に応じてドキュメントの設定を行っていきます。ここでは、[アートとイラスト]タブをクリックします❶。

3 [1000 ピクセルグリッド] をクリックする

[アートとイラスト]タブの内容が表示されました。よく利用されるサイズがあらかじめ設定されているので、ここでは[1000 ピクセルグリッド]をクリックします❶。

4 ドキュメントに名前を付けて作成する

右側の[プリセットの詳細]欄に、ドキュメントに関する情報が表示されました。[名称未設定1]と表示されている欄の文字をすべて消して「練習」と入力し❶、右下の[作成]ボタンをクリックします❷。

MEMO

そのほかにも、[方向]でドキュメントの縦横の向き、[解像度]で解像度、[カラーモード]でカラーモード、[カンバスカラー]でドキュメントの背景色を設定することができます。

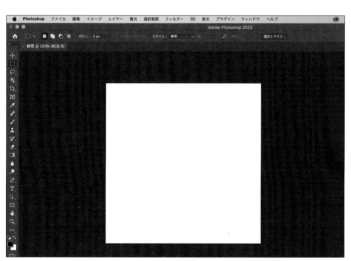

5 新規ドキュメントが作成された

ここまでの操作により、アートやイラストの描画に適したドキュメントが作成されました。

CHECK

ドキュメントの設定は用途に応じて自由に設定しよう

今回、Illustratorでは[印刷]、Photoshopでは[アートとイラスト]という設定でドキュメントを新規作成しましたが、これは説明のために筆者が指定したものです。操作に慣れてきて自分自身の作品を制作するようになったら、自由なカテゴリやサイズの設定を行ってください。ちなみに、[写真](Photoshopのみ)ではL版や六切などの写真サイズの設定、[モバイル]ではiPhoneやiPadなどのモバイル向けのサイズ設定、[Web]ではWebブラウザでの表示を想定したWebサイト向けのサイズ設定、[フィルムとビデオ]ではビデオの規格サイズに適した設定が選択できます。

Lesson 03

作業環境の初期設定

ここでは、［ワークスペース］と呼ばれる作業環境の初期設定方法を解説します。本書では、初期設定を行い、カラーテーマを変更した状態で解説を行っています。

練習ファイル （なし）　完成ファイル （なし）

● Illustratorの場合

1 ［ワークスペースの切り替え］ボタンをクリックする

新規ドキュメント作成後、画面右上の［ワークスペースの切り替え］ボタン ■ をクリックします❶。

2 ［初期設定（クラシック）］をクリックする

ドロップダウンメニューの内容が表示されるので、［初期設定（クラシック）］をクリックします❶。

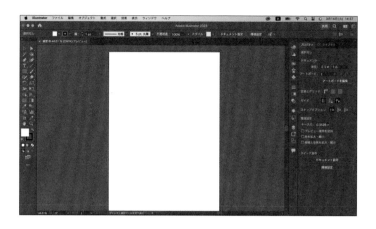

3 ワークスペースが［初期設定（クラシック）］に設定された

画面上部や右側に表示されるパネルの数が増え、作業環境が切り替わりました。

MEMO

ワークスペースが［初期設定］のままだと、本書で利用するツール類が非表示になっています。本書の内容を学習する場合には必ず［初期設定（クラシック）］を指定してください。

● Photoshopの場合

1 ［初期設定］をクリックする

Photoshopの場合は、同じく画面右上の［ワークスペースの設定］ボタン ▣ をクリックし、［初期設定］をクリックします❶。

CHECK

インターフェイスのカラーテーマを変更する

IllustratorとPhotoshopでは、インターフェイスのカラーテーマを4段階の明るさ別に設定することが可能です。本書では、以降の解説にて、いちばん右の明るい色に設定にしているので、以下の表を参考にして変更してください。

	Illustrator	Photoshop
Mac	［Illustrator］メニュー→［設定］→［ユーザーインターフェイス］	［Photoshop］メニュー→［設定］→［インターフェイス］
Windows	［編集］メニュー→［環境設定］→［ユーザーインターフェイス］	［編集］メニュー→［環境設定］→［インターフェイス］

Lesson 04

ツールパネルの基本操作

画面左側にあるツールパネルの操作方法を紹介します。Illustrator と Photoshop ともに一番よく使う操作なので、しっかりと覚えておきましょう。ここでは、Illustrator を例に操作を解説します。

練習ファイル （なし） 完成ファイル （なし）

1 ツールパネルを 2列にする

ここでは、Illustrator を例に解説します。ツールパネルが 1 列で表示されている場合は、ツールパネル左上の 🔛 をクリックして 2 列にします❶。

> **MEMO**
>
> Photoshop の初期設定では 1 列になっていますので、忘れずに 2 列にしてください。

2 ［選択ツール］を クリックする

ツールパネルのアイコンにカーソルを重ねると、ツール名が表示されます。ここでは、ツールパネル左上の［選択ツール］ ▶ をクリックします❶。

> **MEMO**
>
> ［選択ツール］▶ は Illustrator の基本となるツールです。オブジェクトを選択して移動したり、拡大／縮小したりするなどの、さまざまな操作を行うことができます。

3 [長方形ツール]を長押しする

[選択ツール] ▶ が選択されました。続いて、ツールパネルから隠れている[楕円形ツール] ◯ を選択してみます。[長方形ツール] ▢ を長押しします❶。

❶長押し

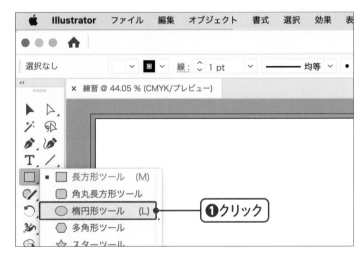

❶クリック

4 [楕円形ツール]をクリックする

メニューが表示されるので、[楕円形ツール] ◯ をクリックします❶。

┌─ MEMO ─┐

[楕円形ツール] ◯ を使うと、楕円や正円を描くことができます。詳しくは、P.38を参照してください。

❶クリック

[楕円形ツール]が表示されている

5 [楕円形ツール]が選択された

[楕円形ツール] ◯ が選択され、ツールパネル上でも前面に表示されるようになりました。操作が終わったら、[選択ツール] ▶ をクリックします❶。

Lesson 05

パネルの基本操作

画面右側にあるパネルの操作方法を紹介します。Illustrator と Photoshop ともにオブジェクトの編集や加工などでよく使います。ここでは、Illustrator を例に操作を解説します。

練習ファイル （なし）　完成ファイル （なし）

1 パネルを表示する

Illustrator では初期状態でパネルが閉じてアイコン化されています。ここでは、[スウォッチ] パネルのアイコン をクリックします❶。

> **MEMO**
>
> もしアイコン化されていない場合は、他のパネルで試してみてください。

2 パネルの表示を切り替える

[スウォッチ] パネルが表示されます。ここでは、描いた図形などの色変更が行えます。[ブラシ]タブをクリックして❶、パネルの表示を切り替えてみましょう。

[ブラシ]タブの内容
が表示された

③ パネルのメニューを 表示する

パネルの表示が[ブラシ]の内容に切り替わります。
パネルの右上にメニューボタン があり場合は、
メニューを表示することができるのでクリックします
❶。

メニューが
表示された

④ パネルをアイコン化する

メニューが表示され、オプションの選択などが行え
ます。パネルを元のアイコンに戻す場合は、パネル
右上の 》》 をクリックします❶。

CHECK

パネルを切り離す

パネルはドラッグすることで切り離して自由な位置に配置することもできます。他のパネルと組み合わせたり、[×]をクリックして不要なパネルを消去したりすることも可能です。パネルの配置を元に戻したい場合は、P.29のCHECKで紹介する操作で初期状態に戻すことができます。

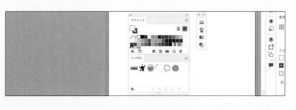

Lesson 06

画面の拡大と縮小

細かい作業をする場合、画面を拡大して移動すると操作しやすくなります。画面の拡大や縮小には
いろいろな方法があるので覚えておきましょう。ここでは、Photoshop を例に操作を解説します。

練習ファイル (なし) 完成ファイル (なし)

1 メニューから表示サイズを変更する

[表示] メニューをクリックすると❶、[ズームイン]
で拡大、[ズームアウト]で縮小のほか、画面サイズ
に合わせた表示や等倍(100%)、2倍(200%) で
の表示が選択できます。

2 [ズームツール] で表示サイズを拡大する

ツールパネルの[ズームツール] をクリックし❶、
拡大したい箇所をクリックすると❷、その場所を中
心に画面が拡大されます。

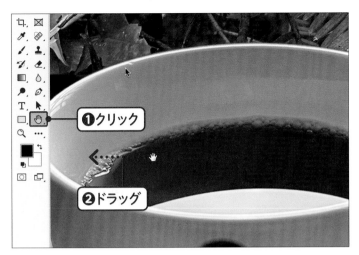

③ 表示位置を移動する

表示位置を移動させたい場合は、[手のひらツール]
🖐 をクリックし ❶、画面上をドラッグします ❷。

> **MEMO**
>
> space キーを押すと、一時的に[手のひらツール]🖐に切り替えることができます。

④ [ズームツール] で表示サイズを縮小する

再度[ズームツール] 🔍 をクリックし ❶、option キー
（Windowsでは Alt キー）を押しながら画面をクリックすると ❷、画面の表示サイズが縮小されます。

CHECK

ズームボックスからの表示サイズの変更

画面左下の[ズームボックス]を使うと、表示倍率を指定して表示サイズを変更することができます。数値を入力して指定するほか、Illustratorでは倍率の一覧から選択することも可能です。

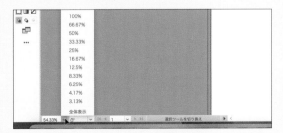

Lesson 07

操作の取り消しと
画面の初期化

操作を間違えてしまった場合は、すぐに取り消すことができます。また、パネルを開きすぎて画面が見づらくなった場合は、初期状態に戻すことが可能です。ここでは、Illustratorを例に解説します。

練習ファイル（なし）　完成ファイル（なし）

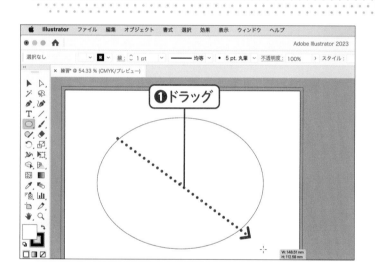

1 操作を行う

P.23やP.38を参考に[楕円形ツール] を選択し、アートボードをドラッグして楕円形を描いてみます❶。

2 操作を取り消す

楕円形が描けたら、[編集]メニュー→[楕円形の取り消し]の順にクリックします❶。

MEMO

手順❷の操作のほか、command キー（Windowsでは Ctrl キー）を押しながら z キーを押すことでも取り消しの操作が行えます。

操作が取り消された

操作が取り消され、楕円形が消えました。

❶クリック

操作をやり直す

なお、[編集] メニュー→[楕円形のやり直し] の順にクリックすると❶、取り消した作業がやり直され、再度楕円形が表示されます。

MEMO

手順❹の操作のほか、shift キーと command キー（Windowsでは Shift キーと Ctrl キー）を押しながら z キーを押すことでもやり直しの操作が行えます。

CHECK

画面表示を初期状態に戻す

パネルを開きすぎて画面の状態がよくわからなくなってしまった場合や必要なパネルが消えてしまった場合は、Illustratorでは P.20 手順❷の画面で[初期設定（クラシック）をリセット]をクリックすることで元の状態に戻すことができます。Photoshopでは、P.21 手順❶の画面で[初期設定をリセット]をクリックします。

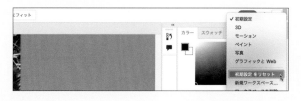

Lesson 08

ファイルの保存

本書では、各章の手順解説の最後でファイル保存をするステップを省略している場合があります。制作したファイルを保存する場合は、このLessonでの操作を参考にしてください。

練習ファイル （なし）　完成ファイル （なし）

● Illustratorの場合

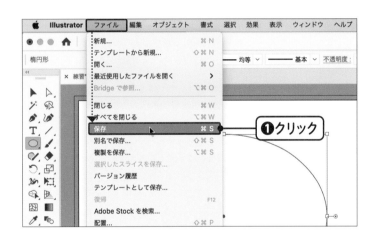

1 ［保存］をクリックする

［ファイル］メニュー→［保存］の順にクリックします❶。クラウドへの保存に関する画面が表示された場合は、［コンピューターに保存］をクリックします。

2 保存場所を指定して保存する

［別名で保存］ダイアログボックスが表示された場合は保存する場所を指定し❶、［保存］ボタンをクリックします❷。その後、［Illustratorオプション］画面が表示された場合は、何も指定せず、そのまま［OK］ボタンをクリックします。

●Photoshop の場合

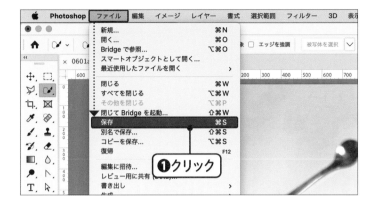

1 [保存] をクリックする

[ファイル] メニュー→[保存] の順にクリックします
❶。クラウドへの保存に関する画面が表示された
場合は、[コンピューターに保存] をクリックします。

2 保存場所を指定して 保存する

[別名で保存] ダイアログボックスが表示された場合
は保存する場所を指定し❶、[保存] ボタンをクリッ
クします❷。

> MEMO
> [Photoshop 形式オプション] 画面が表示された場合は、
> そのまま[OK] ボタンをクリックします。

CHECK

クラウドドキュメントに保存

クラウドドキュメントは、Adobe IDを持っていれば無償プラン
の場合2GBまで利用できるストレージサービスです。
IllustratorやPhotoshopで作成したデータを保存できるほか、
同じAdobe IDでサインインした他のパソコンからもファイルを
読み出して利用することができます。本書では、学習用として
の動作を優先しているため、手順❶の操作ではクラウドドキュ
メントは利用せずパソコン内にファイルを保存しています。

カラーモードと解像度

ここでは、ドキュメントを作成するときに気をつけたい2つのポイント、カラーモードと解像度について解説します。

カラーモード

Illustrator や Photoshop で新規ドキュメントを作成する際、［印刷］や［Web］などのタブをクリックし、用途に応じて異なる設定をすることはすでに説明しました。このときに注意したいのが、ドキュメントの「カラーモード」です。カラーモードとは、色を表現・指定する方法のことで、一般的には「RGB」と「CMYK」の2種類がよく利用されます。それぞれの違いについて見ていきましょう。

▶RGB

RGB は「Red（赤）」「Green（緑）」「Blue（青）」の頭文字をとった言葉で、光の三原色によって色を表現する方式です。Web サイトやデジタルサイネージ、映像作品など、モニターやプロジェクトにより光を使って表示する媒体に向けた制作物は、RGB で色を指定する必要があります。

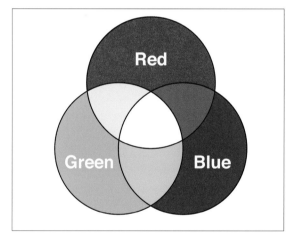

Illustrator では、新規ドキュメントを作成する際に［印刷］以外のタブをクリックすると、作成するドキュメントが自動的に RGB で指定されます。

Photoshop では、すべての場合で RGB でドキュメントが作成されます。そのため、制作後に印刷用途に利用する場合には、CMYK に変換する必要があります。

▶CMYK

CMYKは「Cyan（シアン）」「Magenta（マゼンタ）」「Yellow（イエロー）」と黒（※）の4色を混合して色を表現する方式です。印刷物向けのデータを制作するときに利用する方式で、CMYKを使ってデータを制作しないと、印刷会社では印刷することができません。RGBよりも表現できる色の範囲が狭いことに注意する必要があります。

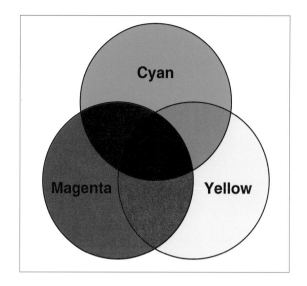

※黒を表現するのにKという字を使う理由には、「black」の最後の文字をとった、「Key Plate」という言葉の頭文字をとったなど、さまざまな説があります。

解像度

Photoshopで新規ドキュメントの作成をするときに注意したいのが、解像度の設定です。Photoshopで画像を拡大すると「ピクセル」と呼ばれる粒でデータが成り立っているのがわかります。このピクセルがどのくらいの密度で設定されているかを示すのが、解像度と呼ばれる数値です。[Web]タブをクリックすると解像度の欄に「72」と表示され、[印刷]の場合には「300」と表示されます。これは、1インチあたりにいくつのピクセルが入るのかを示した数字で、一般的には印刷物用のデータの方が画面表示用のデータより高い解像度が求められます。一例として、はがきサイズの印刷用データであれば、約1400×2100ピクセル程度が必要になります。

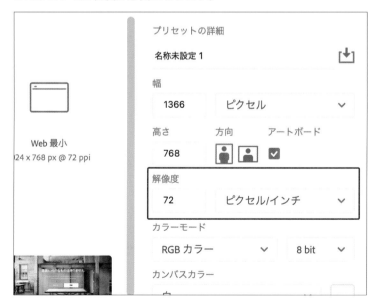

画像を拡大すると「ピクセル」と呼ばれる粒でデータが成り立っていることがわかる。

Creative Cloud や関連するアドビのサービスについて

ここでは、知っておくと便利なアドビの各種サービスや機能についてご紹介します。

▶Creative Cloudライブラリ

https://www.adobe.com/jp/creativecloud/libraries.html
Creative Cloud ライブラリ（CC ライブラリ）は、Illustrator や Photoshop だけではなく、Web 制作や映像制作向けのアドビ製品でも広く横断して利用できる、「オンラインの素材置き場」です。グラフィック、色、テキストのスタイルなど、さまざまな素材を保存しておくことができ、ドキュメントやアプリケーションをまたいで利用することができます。本書では、Photoshop で編集した写真データや Illustrator で作成したアイコンを Creative Cloud ライブラリに保存し、Illustrator の新規ドキュメント上で利用する方法について解説しています。

▶Adobe Color

https://color.adobe.com/
Adobe Color は、アドビが展開する配色作成サービスです。Web ブラウザやアプリからアクセスし、さまざまな配色ルールを使って 5 色の配色セットを効率的に作成することができます。また、世界中ユーザーが作成した配色などをキーワード検索することもできます。自作の配色も、他のユーザーが公開した配色も、Creative Cloud ライブラリに保存して Illustrator や Photoshop で利用することが可能です。

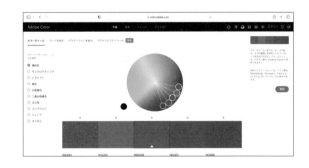

▶Adobe Firefly

https://www.adobe.com/sensei/generative-ai/firefly.html
2023 年、世界的にもっともホットな話題は、「AI による創作や生産性の向上」ではないでしょうか。連日のように新サービスや使いこなしテクニックが世に出てくるなか、アドビも商用利用可能なジェネレーティブ AI である「Adobe Firefly」を発表しました。他サービスとの大きな違いは、Adobe Stock やパブリックコンテンツをもとに学習しているため、他者の知的財産を侵害するコンテンツの生成をしないと明記されていることです。本書執筆時点（2023 年 3 月末）では、ベータ版の利用者をオンラインで募集しています。ご興味がある方は、ぜひ Adobe ID を取得して試してみてください。

Chapter

1

基本図形でかんたんな
絵を描こう〜Illustrator

この章では、Illustratorの機能を使って、シンプルなキャラクター
の顔を描いてみます。基本図形や線の描き方と、色の塗り方を学
ぶことができます。

基本図形でかんたんな絵を描こう
～ Illustrator

完成イメージ

POINT 4　POINT 1　POINT 2　POINT 3

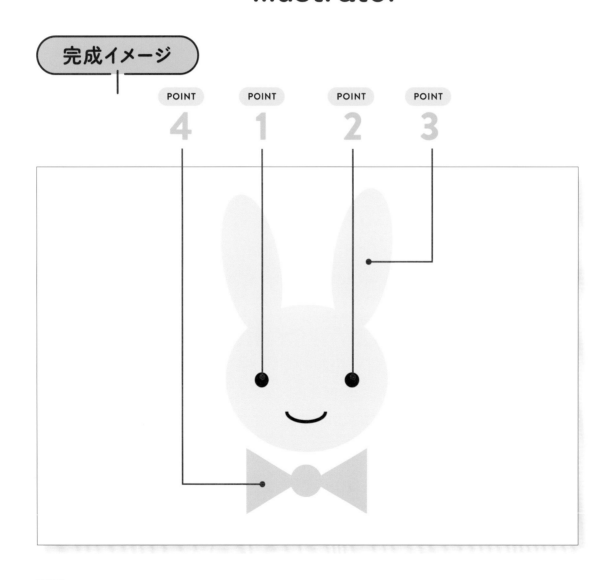

この章のポイント

POINT

1 正円や正三角形を描く ➡ P.38 / P.44

ツールを選択してドラッグすることで、正円や正三角形を描くことができます。

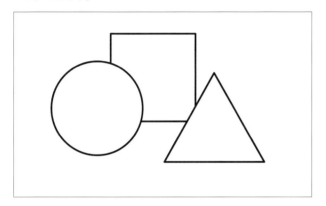

POINT

2 描いた図形を複製する ➡ P.48

一度描いた図形をまったく同じ形で複製することで、作業を効率化できます。

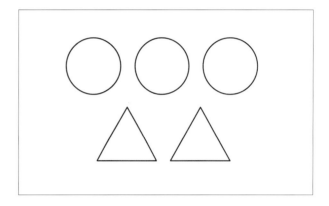

POINT

3 描いた図形を拡大／縮小／回転する ➡ P.42 / P.46

一度描いた図形のサイズを変更したり、回転したりすることができます。

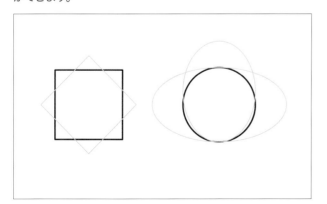

POINT

4 描いた図形の色を変更する ➡ P.54

図形の塗りや線の色を、自分の好きな色にすることができます。

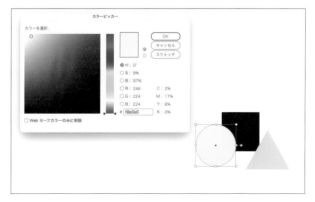

Lesson 01

正円を描こう

まずは、［楕円形ツール］と shift キーを使って、正円を描く練習をします。正円はさまざまなデザインやイラストで利用される基本図形なので、確実に描けるようにしましょう。

練習ファイル （なし）　　完成ファイル 0101b.ai

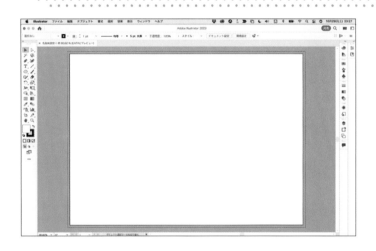

1 新規ドキュメントを作成する

P.16を参考に、Illustratorで［印刷］タブから［A4］サイズを選択し、［方向］を「横位置」 に設定して、新規ドキュメントを作成します。カラーモードは自動的にCMYKに設定されています。

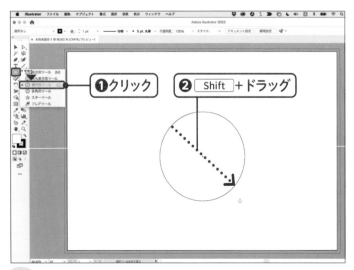

❶クリック　❷ Shift ＋ドラッグ

2 大きな正円を描く

キャラクターの輪郭になる大きな正円を描いていきます。P.23を参考にツールパネルから［楕円形ツール］ をクリックし❶、 shift キーを押しながら、左上から右下にドラッグします❷。

MEMO

ドラッグ操作が完全に終わるまで確実に shift キーを押し続けることが、きれいな正円を描くコツです。

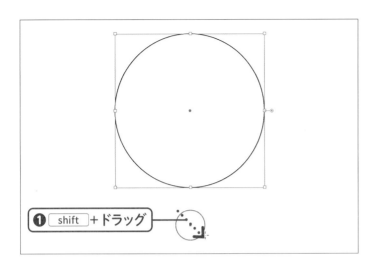

 shift +ドラッグ

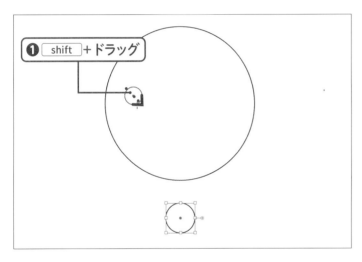 **shift** +ドラッグ

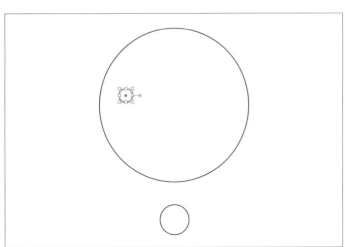

③ 下の方に小さな正円を描く

大きな正円が描けました。続いて、キャラクターの蝶ネクタイの結び目となる小さめの正円を描きます。図を参考に、［楕円形ツール］が選択された状態で **shift** キーを押しながら左上から右下にドラッグします❶。

④ 目を作るための小さな正円を描く

大きな正円の下に小さな正円が描けました。次に、キャラクターの目を作るために、さらに小さな正円を1つ大きな正円の中に描きます。図を参考に、［楕円形ツール］が選択された状態で **shift** キーを押しながら左上から右下にドラッグします❶。

⑤ 正円が3つ描かれた

小さな正円を描くことができました。合計で3つの正円が準備できました。

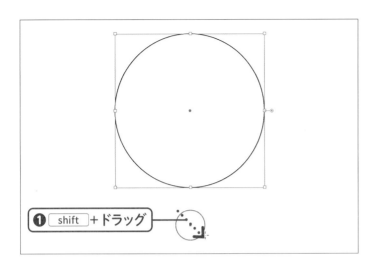Chapter
1

基本図形でかんたんな絵を描こう〜Illustrator

Lesson 02

楕円を描こう

ここでは、[楕円形ツール]を使って、楕円を描く練習をしてみましょう。ドラッグの方向に応じて、太い楕円や細い楕円を描き分けることができます。

練習ファイル 0102a.ai　完成ファイル 0102b.ai

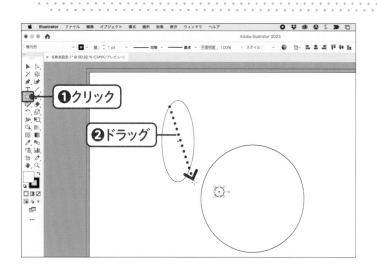

1 キャラクターの耳になる 楕円を描く

キャラクターの耳を作るために、縦に細長い楕円を描きます。ツールパネルから[楕円形ツール] ◯ をクリックして選択し❶、図を参考に左上から右下にドラッグします❷。

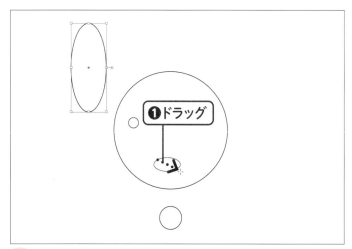

2 キャラクターの口になる 楕円を描く

縦に細長い楕円が1つ描かれました。続いて、キャラクターの口を作るために横長の楕円を描きます。図を参考に、[楕円形ツール] ◯ が選択された状態で左上から右下にドラッグします❶。

③ 楕円が2つ描かれた

ここまでの操作で、2つの楕円を描くことができました。サイズや位置はこのあと調整するので、今の段階では気にする必要はありません。

> **MEMO**
>
> 描いた図形を移動したい場合は、[選択ツール]▶を使ってバウンディングボックス（P.42参照）が表示された状態で図形をドラッグします。また、カーソルキー（↑↓→←）を押すと少しずつ動かすことが可能なので、微妙な位置調整が行えます。

CHECK

複雑な図形もかんたんな図形の組み合わせで描くことができる

一見複雑に見える図形も、よく観察して分解してみると、円や四角形や三角形などの組み合わせで成り立っていることがあります。たとえば、三日月の形は2つの正円を重ねて切り抜くことで作成できますし、8個の角がある星のような形は、正方形を2つ用意して片方を45度回転させることで作成できます。このように、自分が描きたいと思う図形から逆算し、どういったシンプルな図形を用意すればよいのか想像してみるのは、とてもよい練習になります。

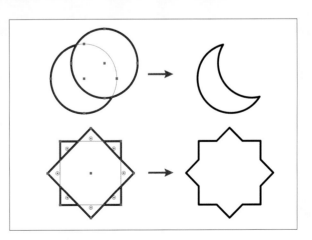

Lesson 03

描いた図形を
拡大／縮小しよう

描いた図形を拡大／縮小し、大きさを変更する練習をしてみましょう。縦方向や横方向だけに伸び縮みさせることもできますし、縦横比率を保ったまま大きさ変更をすることも可能です。

練習ファイル **0103a.ai**　完成ファイル **0103b.ai**

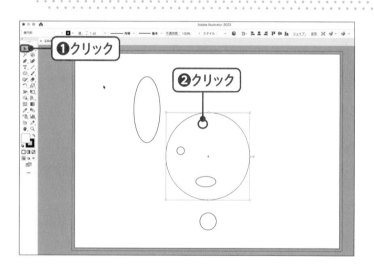

1 拡大／縮小したい図形を選択する

ツールパネルから［選択ツール］ ▶ をクリックし❶、大きな正円をクリックします❷。

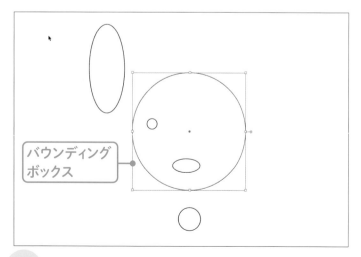

2 バウンディングボックスが表示された

正円が選択された状態になり、周囲に青い線の「バウンディングボックス」が表示されました。この状態から、図形を拡大／縮小したり、回転したりすることができます。

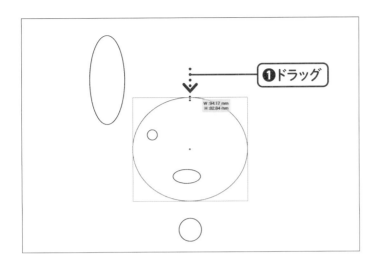

③ 正円の高さを変更する

バウンディングボックス上辺中央にある四角形（ハンドル）を、図を参考に下方向にドラッグします❶。

MEMO

バウンディングボックスの辺の中央にあるハンドルを利用すると、縦あるいは横の一方向にだけ、図形を伸び縮みさせることができます。

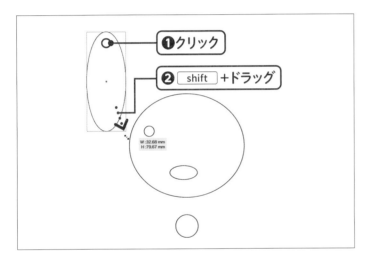

④ 縦横の比率を保ったまま 楕円を大きくする

正円の高さが低くなり、横長の楕円になりました。次に、左上の細長い楕円をクリックし❶、バウンディングボックスの右下のハンドルを shift キーを押しながら右下にドラッグします❷。

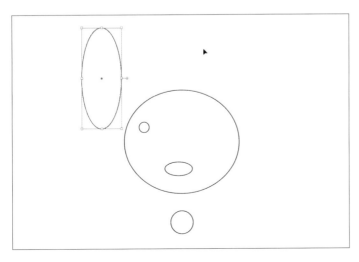

⑤ 楕円の大きさが変わった

縦横の比率を保ったまま、楕円の大きさが変わりました。

MEMO

四隅のハンドルをつかんで shift キーを押しながらドラッグすると、縦横比率を保ったまま拡大／縮小することができます。マウス操作が終わるまで確実に shift キーを押し続けるのが、正確な操作のコツです。

Lesson 04

正三角形を描こう

デザインやイラスト作成でよく使われる図形「正三角形」ですが、初学者の方はその描き方に迷われるようです。ここでは、[多角形ツール]を使ってかんたんに正三角形を描く方法を解説します。

練習ファイル **0104a.ai** 完成ファイル **0104b.ai**

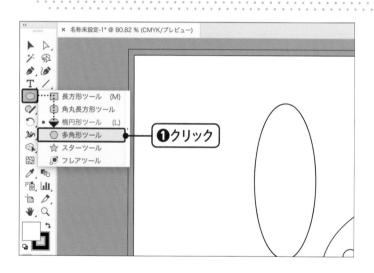

1 [多角形ツール]をクリックする

P.22を参考にツールパネルから[多角形ツール]をクリックします❶。

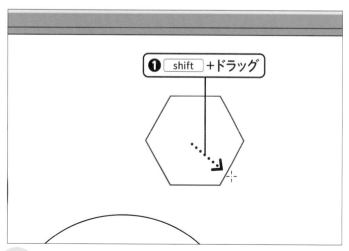

2 shift キーを押しながらドラッグする

図を参考に shift キーを押しながらドラッグすると❶、正六角形が描かれます。

MEMO

マウス操作が終わるまで確実に shift キーを押し続けると、正六角形の上下2辺が水平な状態になります。

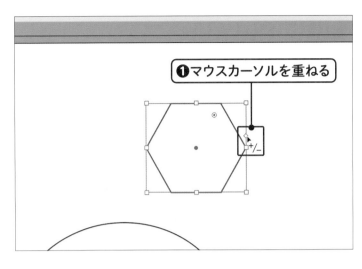

③ 辺の数を変更するための ハンドルを確認する

[多角形ツール] ⬡ で図形を描くと、バウンディングボックス上に図のような菱形のハンドル ◇ が現れます。そこにマウスカーソルを重ねると❶、[+/−] という印が表示されます。

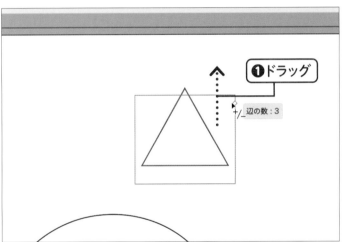

④ 辺の数を変更する

菱形のハンドルを上方向にドラッグします❶。[辺の数：3] というチップが表示されるところで、マウスから指を離します。

> **MEMO**
>
> 一度描いた多角形の辺の数は、あとから変更することができます。

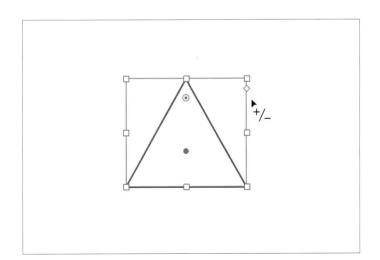

⑤ 正三角形になった

正六角形が正三角形になりました。このパーツは、後のステップでキャラクターの蝶ネクタイの左右の部分になります。

Lesson 05

図形を回転しよう

ここでは、描いた図形を回転させる方法を学びましょう。Illustratorでの画像作成で非常によく使う操作です。この作例では、キャラクターの耳や蝶ネクタイにあたるパーツを回転させてみます。

練習ファイル 0105a.ai 完成ファイル 0105b.ai

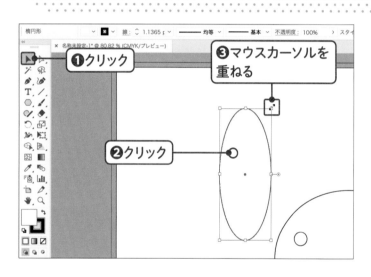

1 回転する図形を選択する

[選択ツール] をクリックし❶、細長い楕円をクリックします❷。表示されたバウンディングボックスの右上のハンドルにマウスカーソルを重ねます❸。

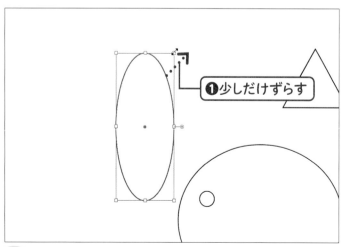

2 マウスカーソルを外側に少しずらす

図のように斜め方向の両向き矢印が表示されるので、マウスカーソルを図形の外側に向けて、ほんの少しだけずらします❶。

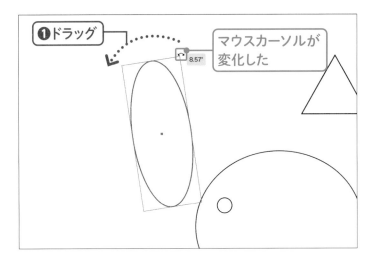

3 マウスを使って 楕円を回転させる

マウスカーソルの形が円弧を描いた矢印に変化します。この状態でドラッグすると図形が回転します。図を参考に左方向にドラッグして❶、細長い楕円を左に回転します。

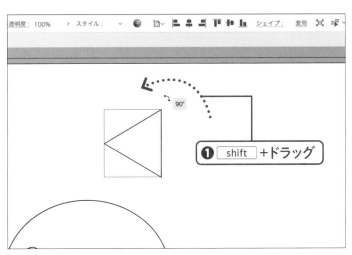

4 正三角形を回転させる

次に、正三角形をクリックし、右下のハンドルにマウスカーソルを重ねたあと外側にずらして、円弧を描いた矢印が表示されたら、[shift]キーを押しながら90度回転するようにドラッグします❶。

MEMO

図形を回転させる際、[shift]キーを押しながら操作すると45度刻みに回転します。

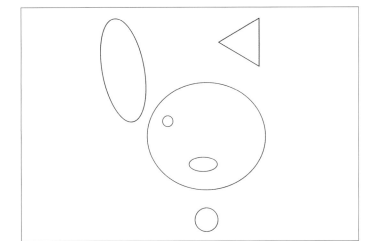

5 正三角形の回転が 完了した

正三角形がきれいに横向きになれば、作業完了です。

Lesson 06

図形を複製しよう

ここでは、一度描いた図形をドラッグ操作で複製する手法について学びます。今回の作例では、キャラクターの目と耳と蝶ネクタイのパーツを複製してみます。

練習ファイル **0106a.ai**　　完成ファイル **0106b.ai**

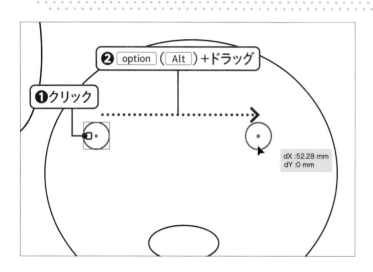

1 ［選択ツール］を使って図形を複製する

P.22を参考に［選択ツール］ ▶ をクリックし、一番小さな正円（目のパーツ）をクリックして❶、option キー（Windowsの場合は Alt キー）を押しながら右方向にドラッグします❷。

2 複製したい場所でマウスから指を離す

図のような位置でマウスから指を離し❶、続いて option キー（Windowsの場合は Alt キー）から指を離すと、正円が複製されます。

48

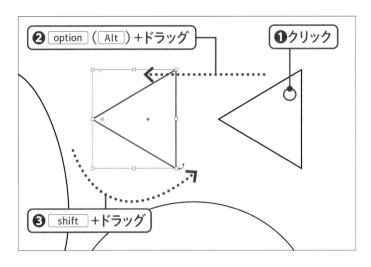

正三角形を複製して回転する

次に、正三角形を2つ複製します。正三角形をクリックし❶、option キー（Windowsの場合は Alt キー）を押しながら左方向にドラッグします❷。P.46を参考に、複製された三角形を180度回転します❸。

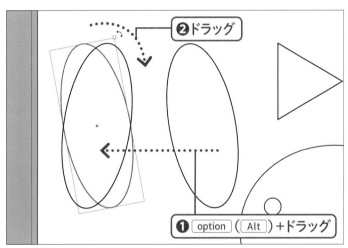

細長い楕円を複製して回転する

細長い楕円（耳のパーツ）を同様の方法でドラッグして複製し❶、P.46を参考に右斜め方向に回転します❷。

3種類のパーツの複製が完了した

ここまでの操作で、目のパーツ（小さな正円）、耳のパーツ（細長い楕円）、蝶ネクタイのパーツ（正三角形）を複製する操作が完了します。［選択ツール］で図のようにパーツを移動することで、キャラクターの顔の雰囲気ができあがってきました。

Lesson 07

図形の一部だけを消そう

ここでは、[ダイレクト選択ツール]を使って、図形の一部だけを削除する操作について学びましょう。

練習ファイル **0107a.ai** 完成ファイル **0107b.ai**

1 [ダイレクト選択ツール]をクリックする

[ダイレクト選択ツール] をクリックします❶。
このツールを使うと、図形の一部分だけを選択して、
動かしたり消したりすることができます。

> **MEMO**
>
> 前のページまでで利用した[選択ツール]は、図形の全体を選択して操作するツールです。2つのツールの違いを気にとめておきましょう。

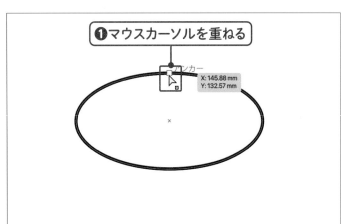

2 選択したい箇所にマウスカーソルを重ねる

口のパーツとして描いた横長の楕円の、上の円弧の
中央にマウスカーソルを重ねます❶。ピンク色の文
字で[アンカー]と表示されます。

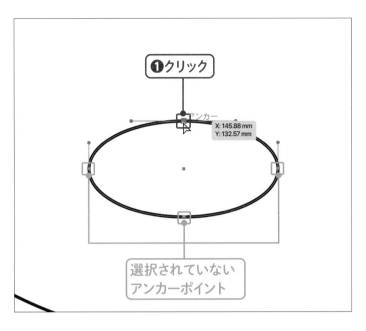

③ クリックしてアンカーポイントを選択する

［アンカー］と表示された部分をクリックします❶。上下左右合わせて4つのアンカーポイントが表示されます。

MEMO

選択されたアンカーポイントは青、選択されていないアンカーポイントは白、という違いがあります。

④ 選択したアンカーポイントを消す

キーボードの delete キーを押します❶。アンカーポイントが1つだけ削除され、下半分の円弧だけが残ります。

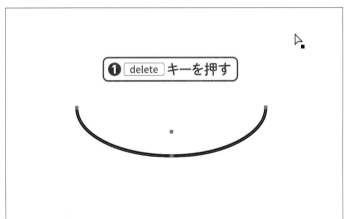

CHECK

［アンカー］とは?

［ダイレクト選択ツール］ ▷ を図形に重ねた位置によって、［アンカー］と表示されることがあります。これは、「アンカーポイント」の略で、Illustratorの図形の芯の部分（パスと呼ばれます）の角や円弧の膨らみの部分に見られます。Illustratorの図形は、複数のアンカーポイントとアンカーポイントをつないだパスでできているため、上記のようにアンカーポイントを削除すると図形の一部が削除されます。

Lesson 08

図形を合体して
不要な部分を消そう

いよいよ、キャラクターの顔を仕上げていきます。［シェイプ形成ツール］を利用して、重なったところ同士を合体させてみましょう。

練習ファイル **0108a.ai**　　完成ファイル **0108b.ai**

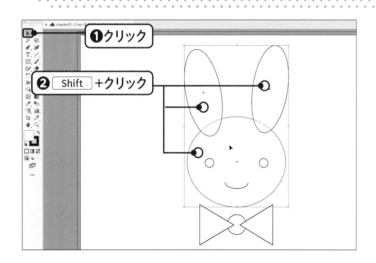

1 両耳と輪郭のパーツを選択する

［選択ツール］ ▶ をクリックし❶、 Shift キーを押しながら、両耳と輪郭のパーツをクリックします❷。

MEMO

いままでに描いたパーツの位置がおかしい場合には、この作業の前にP.36の完成図とP.41のMEMOを参考に［選択ツール］ ▶ を使って位置を整えておきましょう。

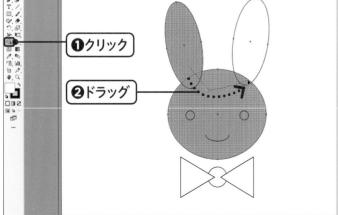

2 ［シェイプ形成ツール］で両耳と輪郭をつなげる

ツールパネルの［シェイプ形成ツール］ 🔍 をクリックします❶。このツールを使うと、図形同士の重なったところを合体させることができます。図を参考に、両耳と輪郭をつなげるようにドラッグします❷。

MEMO

操作に失敗しても、 command キー（Windowsでは Ctrl キー）を押しながら z キーを押せば操作を取り消せます。

3 輪郭のパーツを最背面に移動させる

マウスから指を離すと両耳と輪郭のパーツがつながりますが、目のパーツが隠れてしまいます。輪郭のパーツが選択されている状態のまま、[オブジェクト]メニュー→[重ね順]→[最背面へ]の順にクリックします❶。

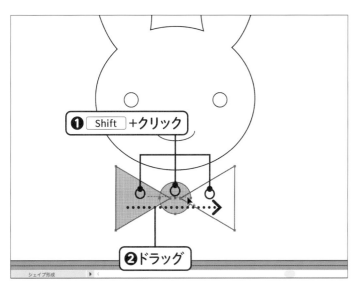

4 蝶ネクタイをつなげる

目のパーツが見えるようになりました。次に、2つの正三角形と1つの正円を、Shift キーを押しながら [選択ツール] ▶ で選択し❶、[シェイプ形成ツール] 🖢 でドラッグしてつなげます❷。

MEMO

一筆書きのようにすべてを一度につなげようとしなくてかまいません。1箇所ずつマウスを離し、少しずつつなげていっても大丈夫です。

5 パーツがつながった

マウスから指を離します。両耳と輪郭、蝶ネクタイのパーツがそれぞれつながりました。

Lesson 09

図形に色を塗ったり
線の太さを変えたりしよう

最後に、できあがったキャラクターのそれぞれのパーツに、色と線の指定を行いましょう。

練習ファイル 0109a.ai　完成ファイル 0109b.ai

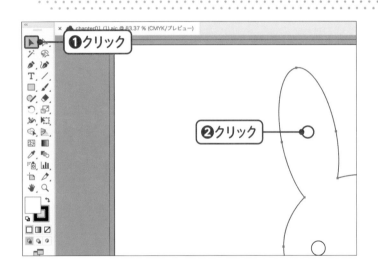

1 色を塗りたい部分を クリックする

[選択ツール] ▶ をクリックし❶、耳がついた輪郭のパーツをクリックします❷。

2 [塗り]を ダブルクリックする

ツールパネル下部の斜めに重なった2つの四角形は、左上が[塗り]の色で、右下が[線]の色を指定する機能です。[塗り]のボックスをダブルクリックします❶。

> **MEMO**
>
> [塗り]や[線]のボックスをダブルクリックする前に、必ず対象となる図形を選択しておいてください。

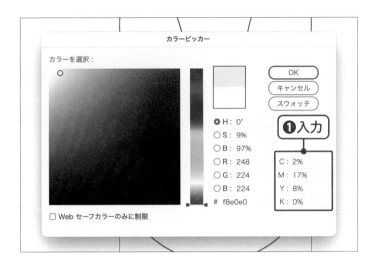

③ カラーピッカーで 色を指定する

[カラーピッカー]ダイアログボックスが表示されるので、右下の「CMYK」の入力欄に、半角数字で以下のように入力します❶。「%」という文字はIllustratorが自動的に補完しますので、入力する必要はありません。

C	2%	M	17%	Y	8%	K	0%

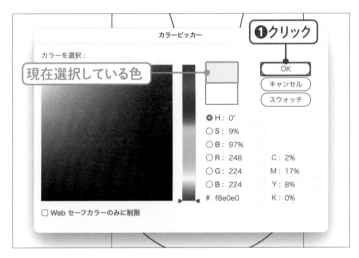

④ [OK]ボタンを クリックする

現在選択している色が薄いピンク色になります。[OK]ボタンをクリックします❶。

──── MEMO ────

今回の作例は、印刷用のドキュメントとして作業しているため、色の指定はCMYKで行っています。色の指定方法（カラーモード）については、P.32を参照してください。

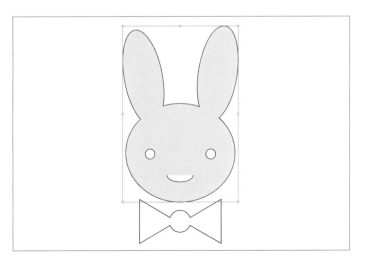

⑤ 輪郭のパーツの色が 変わった

輪郭の塗りの色が薄いピンク色になりました。

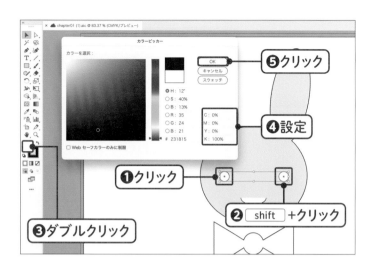

6 目の色を指定する

続いて目の色を黒色で塗ります。[選択ツール]
が選択された状態で左目をクリックし❶、 shift
キーを押しながら右目をクリックします❷。[塗り]
をダブルクリックし❸、色を以下のように設定して
❹、[OK] ボタンをクリックします❺。

C	0%	M	0%	Y	0%	K	100%

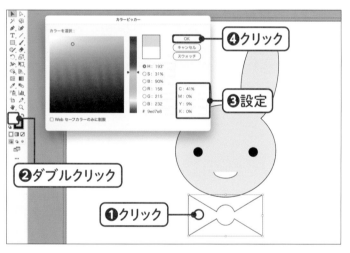

7 蝶ネクタイの色を 指定する

目が黒くなりました。続いて、蝶ネクタイの色を水
色で塗ります。[選択ツール] が選択された状態
で蝶ネクタイのパーツをクリックし❶、[塗り]をダ
ブルクリックします❷。色を以下のように設定して
❸、[OK] ボタンをクリックします❹。

C	41%	M	0%	Y	9%	K	0%

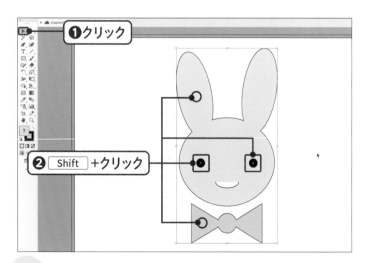

8 口以外のパーツを すべて選択する

口以外のパーツにすべて色が塗られました。輪郭線
がないイラストにしたいので、線の太さを[なし]
にしてみましょう。[選択ツール] をクリック
し❶、口以外のパーツ(輪郭、両目、蝶ネクタイ)
を Shift キーを押しながらクリックします❷。

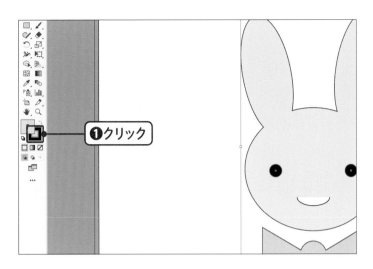

⑨ ［線］のボックスを アクティブにする

口以外のパーツが選択されました。ツールパネル下部の［線］のボックスをクリックします❶。［線］のボックスが重なりの手前に出て、アクティブ（有効）な状態になります。

❶クリック

⑩ ［線］を［なし］に 設定する

右下にある赤い斜め線の［なし］ ▱ をクリックします❶。

❶クリック

⑪ 輪郭線がなくなった

口以外のパーツの輪郭線がなくなりました。

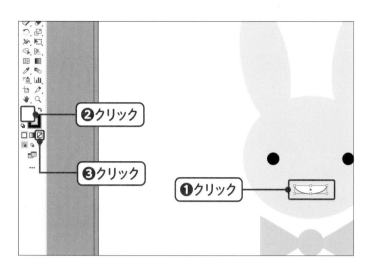

12 口のパーツの［塗り］を ［なし］に設定する

続いて、口の半円に白く残っている塗りの設定も［なし］ ☑ にしましょう。口のパーツをクリックし❶、ツールパネル下部の［塗り］をクリックして❷、右下にある赤い斜め線の［なし］ ☑ をクリックします ❸。

13 口の線を太くする

口部分の塗りがなくなり、線だけになりました。最後に、口の線の太さを変更しましょう。画面右側にある［線］パネルのアイコン ☰ をクリックしてパネルを表示し❶、［線幅］の ⌃⌄ をクリックして太さを［5pt］に設定します❷。

14 キャラクターの顔が 完成した

キャラクターの顔が完成しました。P.30を参考にしてファイルを保存します。

Chapter

2

下絵をなぞってイラストを 描こう〜Illustrator

この章では、下書きの写真データをIllustratorに貼り付けて固定 し、レイヤーと［鉛筆ツール］を使ってトレースする方法を解説し ます。自由に描いた線を活かすタイプのイラスト制作に効果的な 手法です。

下絵をなぞってイラストを描こう
〜 Illustrator

完成イメージ

POINT 1

POINT 2

POINT 3

POINT

1

下絵とレイヤーを使って
イラストを描くことができる　→ P.62
　　　　　　　　　　　　　　　　　　　P.64

手描きの下絵を使って、別のレイヤーにイラストを描き進めることができます。

POINT

2

滑らかな線で
描くことができる　→ P.66

[鉛筆ツール]の設定を調整することにより、多少マウス操作ががたついても滑らかな線で描くことができます。

POINT

3

あとで着色するため
線に隙間を作らない　→ P.70

次の章でこのイラストに着色するため、線と線の間に隙間を作らないように描くのがポイントです。線がはみ出した余分な箇所は、次の章の操作できれいに消すことができます。

POINT

4

何回でもやり直せる　→ P.72

作業を間違えても、[編集]メニュー→[鉛筆の取り消し]の順にクリックしてやり直すことができます。

Lesson 01

下絵の写真を用意しよう

ここでは、用意された練習ファイルの下絵写真をIllustratorのドキュメントに配置する方法について学びます。

練習ファイル 0201a.jpg 完成ファイル 0201b.ai

1 新規ドキュメントを作成する

P.16を参考に、Illustratorで[印刷]タブから[A4]サイズを選択し、[方向]を「横位置」 に設定して、新規ドキュメントを作成します。

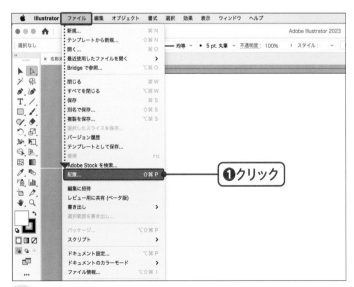

❶クリック

2 下絵写真を配置する

あらかじめ用意された練習ファイルの下絵写真をIllustratorに配置していきましょう。[ファイル]メニュー→[配置]の順にクリックします❶。

MEMO

自分で描いた下絵写真を利用したい場合には、スマートフォンやデジタルカメラで写真を撮るか、スキャナーでスキャンしたデジタルデータを用意し、パソコンに取り込んでおきましょう。

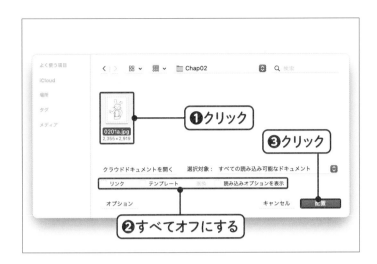

3 ファイルを選択する

[配置] ダイアログボックスが表示されるので、練習ファイルの [Chap02] フォルダから [0201a.jpg] をクリックし❶、画面下のチェックをすべてオフにして❷、[配置] ボタンをクリックします❸。

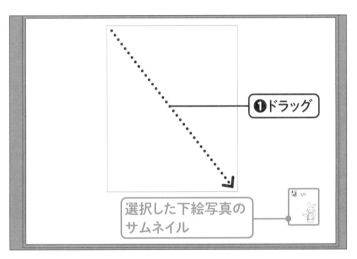

4 ドラッグして下絵写真を配置する

マウスカーソルの右下に、選択した下絵写真のサムネイルが表示されます。この状態のまま、図を参考に写真の利用サイズを指定するようにマウスをドラッグします❶。

5 下絵写真が配置された

ドラッグした大きさの通りに下絵写真が配置されました。

MEMO

下絵写真の配置が終わったら、P.30を参考にIllustratorのドキュメントを保存しておきましょう。

Lesson 02

下絵にイラストを描くための
レイヤーを追加しよう

ここでは、配置した下絵写真が作業中にずれてしまわないようにロックし、イラストを描くための新しいレイヤーを追加する方法を練習してみます。

練習ファイル **0202a.ai**　完成ファイル **0202b.ai**

1 下絵写真の位置を調整する

下絵写真をロックする前に、位置を調整しておきましょう。P.42を参考に［選択ツール］ ▶ で写真をクリックし、アートボードの中央あたりにドラッグして移動します❶。

> **MEMO**
>
> 配置した下絵写真の大きさが合わない場合は、バウンディングボックスのハンドルを使って、大きさも変更しておきましょう。

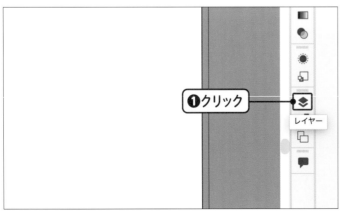

2 ［レイヤー］パネルを表示する

画面右側のパネルアイコンから、［レイヤー］パネルのアイコン ◆ をクリックします❶。

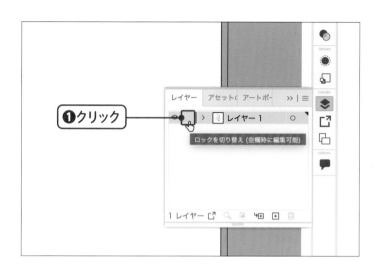

3 ［レイヤー1］を
ロックする

［レイヤー］パネルの中に［レイヤー1］というレイ
ヤーがあり、その中には下絵写真が配置されていま
す。レイヤー名の左側にある空白をクリックします
❶。

id="2"

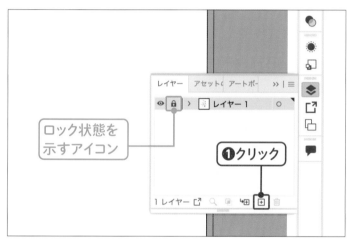

4 ［新規レイヤーを作成］
ボタンをクリックする

レイヤー名の左側に南京錠のアイコン 🔒 が表示さ
れ、レイヤーがロックされました。続いて、［新規レ
イヤーを作成］ボタン ⊞ をクリックします❶。

MEMO

ロックを解除したい場合には、同じ箇所を再度クリックしま
す。

5 ［レイヤー2］が
追加された

［レイヤー］パネルの中に［レイヤー2］が追加され、
線を描くための新しいレイヤーが追加されました。

MEMO

「レイヤー」とは、ひとつのIllustratorドキュメントの中に
複数の透明なシートを重ねて描画できる仕組みのことで
す。レイヤーの重ね順は何回でも変更可能で、不要なレ
イヤーは削除することもできます。

Chapter
2

下絵をなぞってイラストを描こう〜Illustrator

Lesson 03
［鉛筆ツール］の設定を 変更しよう

［鉛筆ツール］を使うことで、自由な線を描くことができます。ここでは、今回のイラスト作成に最適になるように設定を変更してみます。

練習ファイル　0203a.ai　完成ファイル　（なし）

1 ［鉛筆ツール］を 選択する

ツールパネルの［Shaperツール］ を長押しし❶、メニューの中から［鉛筆ツール］ をクリックします❷。

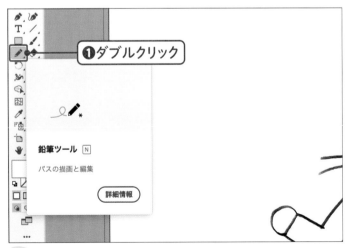

2 ［鉛筆ツール］アイコンを ダブルクリックする

［鉛筆ツール］ が選択された状態になりました。設定画面を表示させるために、このツールアイコンそのものをダブルクリックします❶。

3 [鉛筆ツール]の設定を行う

[鉛筆ツールオプション]ダイアログボックスが表示されました。以下の表と同じように設定します❶。

精度	一番右の[滑らか]にスライダーを移動
鉛筆の線に塗りを適用	チェックを入れない
選択を解除しない	チェックを入れる
option (Alt) キーでスムーズツールを使用	チェックを入れない
両端が次の範囲内の時にパスを閉じる	チェックを入れて「5」pixelと入力
選択したパスを編集	チェックを入れて「5」pixelと入力

4 [OK]ボタンをクリックする

設定を終えたら、右下の[OK]ボタンをクリックして確定します❶。

CHECK

[鉛筆ツールオプション]の設定項目

[鉛筆ツールオプション]の設定項目の中で、重要なものについて説明します。

・**[選択を解除しない]**…チェックを入れると、線の描画をいったんストップしたあと再開するときに、前に描いた線と次の線を自動的につなげることができます。マウスから指を離しても、再度線をつなげて描画できるので、無理に一筆書きをしなくても大丈夫な設定になります。
・**[両端が次の範囲内の時にパスを閉じる]**…チェックを入れると、描き始めと描き終わりが指定した距離に近づいたとき、線が閉じて輪っかの状態になります。

Lesson 04

描く線の太さや角の形を変更しよう

いよいよ、イラストを描く前の設定に関する最終項目です。ここでは、線の太さや角の形を変更していきます。

練習ファイル 0204a.ai 完成ファイル （なし）

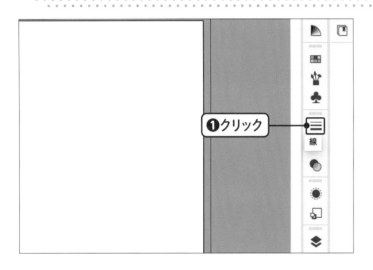

1 ［線］パネルを表示する

画面右側のパネルアイコンから、［線］パネルのアイコン をクリックします❶。

> **MEMO**
>
> ［線］パネルのアイコン≡が見つからないなど、パネルの表示が変わってしまった場合は、P.29を参考に画面を初期状態に戻してください。

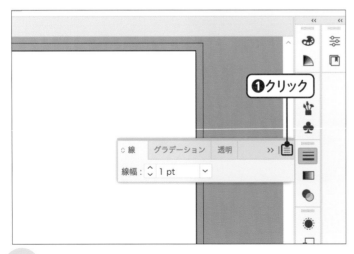

2 オプションを表示する

［線］パネルが表示されました。そのままでは設定項目が1つしかないので、オプションを表示させて詳細設定できるようにします。パネル右上の3本線のメニューアイコン≡をクリックします❶。

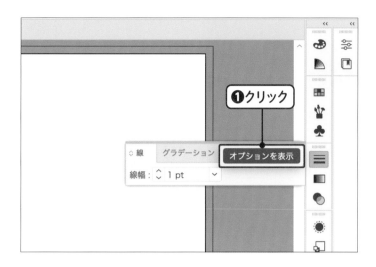

③ ［オプションを表示］を クリックする

［オプションを表示］という項目が表示されるのでクリックします❶。

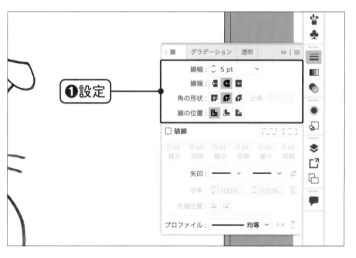

④ ［線］パネルで詳細を 設定する

オプション項目が表示されるので、以下のように設定します❶。［破線］より下の項目はそのままにします。

線幅	5pt
線端	丸形線端（中央のアイコン）
角の形状	ラウンド結合（中央のアイコン）
線の位置	線を中央に揃える（左端のアイコン）

⑤ 線の設定が完了した

線の設定が完了し、イラストを描ける状態になりました。

Lesson 05

下絵をなぞって
イラストを描こう

ここまでの設定で、描画を開始できる準備が整いました。それでは、下絵をなぞって（トレースして）イラストを描き進めていきましょう。

練習ファイル **0205a.ai**　完成ファイル **0205b.ai**

1 顔の輪郭の部分から スタートする

[鉛筆ツール] 🖉 をクリックします❶。描画はどこから始めてもかまいませんが、ここでは顔の輪郭から描き始めます。図を参考に左上からドラッグしてなぞります❷。

2 一周する途中でマウスから 指を離してみる

引き続き、輪郭を一周するように右側にドラッグしてなぞります❶。慣れないうちは、一筆書きのように描くのは難しいでしょう。一周する途中でマウスから指を離してもかまいません❷。

③ 途中から線を
つなげて描く

いったんマウスから指を離し、線を描くのを途中で
止めました。線の最後の部分にマウスカーソルを重
ねると、右下に ⟋ 印が表示されます❶。これが
表示されると、線をつなげて描くことが可能です。

④ 書き始めた位置で線をつなげて
輪になった状態にする

⟋ 印が表示された位置から、線をそのまま一周し、
最初に描き始めた位置までドラッグしてなぞります
❶。右下に ⊙ 印が表示されたら、マウスから指
を離します❷。

⑤ 左側の耳を描く

⊙ 印が表示された位置で線がつながり、輪郭の
周囲の線が輪っかの状態になりました。続いて向
かって左側の耳の部分をドラッグしてなぞっていきま
す❶。このとき、開始位置の先が輪郭線と交差す
るように描きます。

> **MEMO**
>
> 次の章で、このイラストに着色する作業をします。その際、
> 線と線の間に隙間があるとうまく着色することができませ
> ん。描き始める際、必ず輪郭線と交差する位置から描き
> 始めましょう。

6 右側の耳を描く

左側の耳の線が描けました。右耳を顔の輪郭線と交差する位置からドラッグして描きます❶。

> **MEMO**
>
> 意図せず線がつながってしまった場合は、[編集]メニュー→[鉛筆の取り消し]の順にクリックしてやり直すか、離れた場所のパーツを先に描きます。

7 すべてのパーツをなぞっていく

このあと、「隙間ができないよう、線の端を交差させて描く」「つなげたくないときは離れた場所のパーツを描く」というポイントを押さえ、残りのすべてのパーツを描きます。

8 イラストが完成した

すべてのパーツを描き終わったら、[レイヤー]パネルのアイコン 💠 をクリックしてパネルを表示し❶、[レイヤー1]の一番左側にある[表示の切り替え]ボタン 👁 をクリックすると❷、下絵が非表示になり、描いた線だけが表示されます。P.30を参考にしてファイルを保存します。

Chapter

3

イラストに色を塗ろう
〜Illustrator

ここでは、第2章で描いたキャラクターのイラストに、［ライブペ
イントツール］を使って着色していきます。線と線が重なってで
きた領域に自由に着色することができるので、大変便利なツール
です。

イラストに色を塗ろう
〜 Illustrator

完成イメージ

POINT 3

POINT 2

POINT

1 画面を拡大表示
することができる ➡ P.82

細かい作業をするときには、[ズームツール] を使って画面を拡大表示することができます。

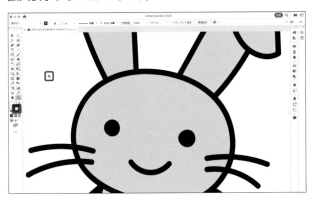

POINT

2 線で囲まれた領域に
着色する ➡ P.78

[ライブペイントツール] を使い、線で囲まれた領域に着色することができます。

POINT

3 はみ出した余分な線を
消すことができる ➡ P.82

[ライブペイント選択ツール] を使うと、はみ出した余分な線を削除することができます。

POINT

4 他のアプリケーションで使え
るようイラストを登録できる ➡ P.84

描き終わったイラストを[CCライブラリ]パネルに登録すると、他のドキュメントやアプリケーションで再利用可能な素材として保存しておくことができます。

Lesson 01

利用する色を準備しよう

ここでは、［スウォッチ］パネルを利用して、Illustrator 内にあらかじめ用意されている色を使う方法について学びます。

練習ファイル 0301a.ai 完成ファイル （なし）

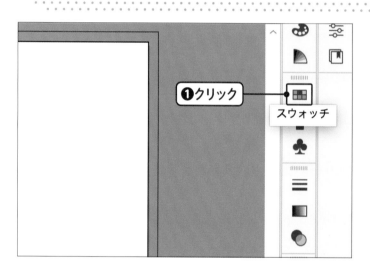

1 ［スウォッチ］パネルを表示する

あらかじめ、第2章で制作したイラスト（または、練習ファイルの［0301a.ai]）を Illustrator で開いておきます。続いて、画面右側の［スウォッチ］パネルのアイコン をクリックします❶。

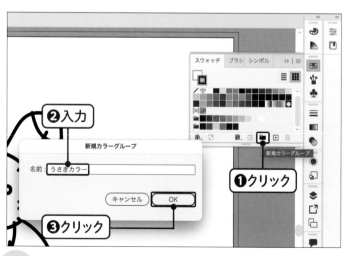

2 新規カラーグループを作る

［スウォッチ］パネルが表示されたら、下部に並んだアイコンの右から3番目の［新規カラーグループ］ をクリックし❶、「うさぎカラー」と入力して❷、［OK］ボタンをクリックします❸。

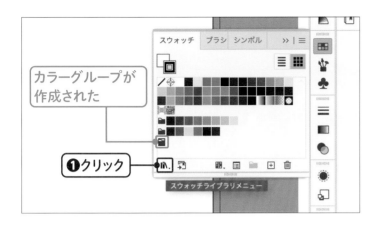

カラーグループが
作成された

❶クリック

スウォッチライブラリメニュー

③ ［スウォッチライブラリ メニュー］を表示する

［スウォッチ］パネルの一番下に、「うさぎカラー」の
カラーグループが作成されました。次に、パネルの
左下にある［スウォッチライブラリメニュー］ ▥. を
クリックします❶。

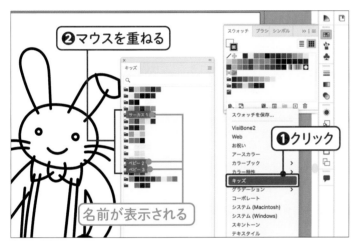

❷マウスを重ねる

❶クリック

名前が表示される

④ カラーグループ名を 確認する

表示されたメニューから［キッズ］をクリックします
❶。［キッズ］パネルが表示されるので、左のフォル
ダのアイコンにマウスカーソルを重ね、「サーカス1」
「ベビー2」「ベビー3」という名前のカラーグループ
の位置を確認します❷。

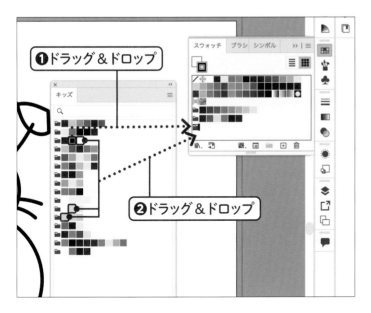

❶ドラッグ＆ドロップ

❷ドラッグ＆ドロップ

⑤ ［スウォッチ］パネルに 色を移動する

カラーグループの名前と位置が確認できたら、「サー
カス1」の黒色を、先ほど作成した「うさぎカラー」
カラーグループのフォルダにドラッグ＆ドロップして
移動します❶。「サーカス1」の白色、「ベビー2」
の水色、「ベビー3」の一番左のオレンジ色も同様に
ドラッグ＆ドロップして移動します❷。

MEMO

4色すべての移動が終わったら、利用する色の準備は完
了です。「キッズ」パネルは閉じてください。

Lesson 02

［ライブペイントツール］を使って着色しよう

次のステップとして、［スウォッチ］パネルに登録された色と［ライブペイントツール］を利用して、イラストに着色していきましょう。

練習ファイル 0302a.ai　完成ファイル 0302b.ai

1 イラストをすべて選択する

着色する前に、あらかじめ着色したいイラストをすべて選択しておく必要があります。［選択ツール］▶ をクリックし❶、イラストをすべて囲むようにドラッグして選択します❷。

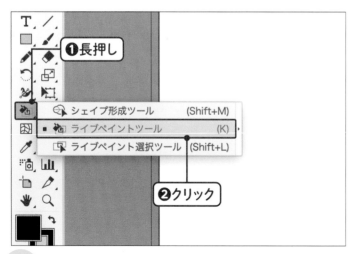

2 ［ライブペイントツール］をクリックする

ツールパネルの［シェイプ形成ツール］ 🔍 を長押しして❶、［ライブペイントツール］ 🖌 をクリックします❷。

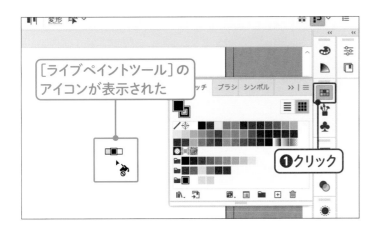

[ライブペイントツール] の
アイコンが表示された

3 ［スウォッチ］パネルを 表示する

［ライブペイントツール］ が選択され、［ライブペイントツール］のマウスカーソルが表示されました。着色する色を選択するため、［スウォッチ］パネルのアイコン をクリックしてパネルを表示します❶。

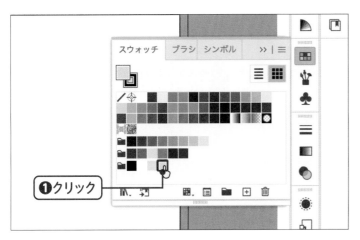

❶クリック

4 利用する色を選ぶ

P.76で追加したテーマ「うさぎカラー」の中から、オレンジ色の四角形をクリックします❶。

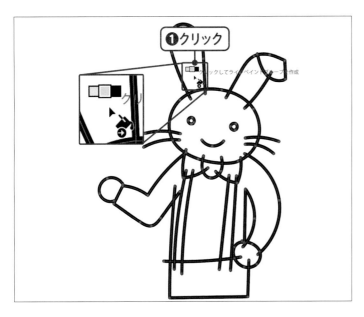

❶クリック

5 着色する箇所を クリックする

マウスカーソル上にある四角形の中央部分に、選択した色が表示されました。クリックした箇所を着色することができます。まずは、左耳の内側をクリックします❶。

> **MEMO**
>
> ［ライブペイントツール］ のマウスカーソル上に表示された3つの四角形は、スウォッチパネル内部の色と連動しています。中央の四角形が現在選択している色、左右の四角形はその両隣の色です。

6 着色された

クリックした領域がオレンジ色に着色されました。

❶クリック

7 [隙間オプション] を選択する

イラストに多少の隙間があっても着色できるように設定します。[オブジェクト] メニュー→ [ライブペイント] → [隙間オプション] の順にクリックします❶。

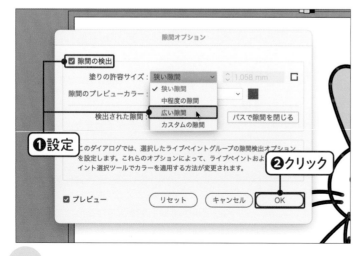

❶設定

❷クリック

8 [隙間オプション] を設定する

隙間オプションの詳細を以下のように設定し❶、[OK]ボタンをクリックします❷。この設定を行うと、描画した線に多少隙間があっても着色できるようになります。

隙間の検出	チェックを入れる
塗りの許容サイズ	[広い隙間]を選択する

9 残りの耳、顔、手を着色する

同じオレンジ色を使い、右の耳、顔、両手をクリックして着色します❶。

> **MEMO**
>
> 着色したい範囲が細かく分かれてしまっている場合は、すべての領域をていねいに着色しましょう。

10 蝶ネクタイを着色する

次に「うさぎカラー」カラーグループの中にある水色をクリックし❶、蝶ネクタイのパーツをクリックして着色します❷。

11 シャツと目とズボンを着色する

最後に、図を参考にしてシャツを白色で着色し❶、目とズボンを黒色で着色します❷。

> **MEMO**
>
> シャツは白く見えますが実は透明で、下の色が透けているだけです。しっかり白で着色しておくと、あとで利用するときに使いやすいイラストのデータになります。

Lesson 03
はみ出した線を
削除しよう

［ライブペイントツール］で着色が終わったら、仕上げに［ライブペイント選択ツール］を使って余分
な線を削除し、イラストを整えていきましょう。

練習ファイル **0303a.ai** 完成ファイル **0303b.ai**

1 ［ズームツール］で作業範囲を拡大する

このあとは細かい作業が続きますので、あらかじめ
画面表示を拡大しましょう。ツールパネルから［ズー
ムツール］🔍 をクリックし❶、拡大したい部分を
何回かクリックします❷。

MEMO

逆に画面表示を縮小したい場合は、［ズームツール］🔍 で
option キー（Windowsでは Alt キー）を押しながらクリッ
クします。

2 ［ライブペイント選択ツール］を選択する

ドラッグした部分が拡大されます。ツールパネルの
［ライブペイントツール］🖌 を長押しし❶、［ライブ
ペイント選択ツール］🖱 をクリックします❷。

シェイプ形成ツール　　　(Shift+M)
ライブペイントツール　　　(K)
ライブペイント選択ツール (Shift+L)

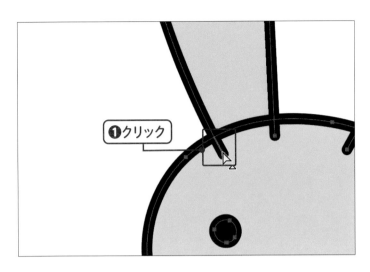

3 線がはみ出した部分を クリックする

図を参考に、はみ出した線の部分の真上にマウスカーソルを重ね、赤い色でパスが表示されたタイミングでクリックします❶。

4 選択された部分を 削除する

クリックした部分が網掛け表示になり、はみ出した部分の線が選択されました。キーボードの delete キーを押します❶。

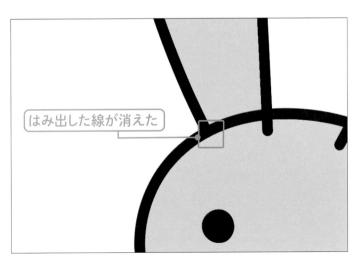

5 はみ出した部分が 削除された

はみ出した部分の線だけが削除されました。同様にして、すべての不要な線を削除します。P.30を参考にしてファイルを保存します。

> **MEMO**
>
> 間違えて削除したくない部分を消してしまった場合は、command キー（Windowsでは Ctrl キー）を押しながら z キーを押して作業をやり直しましょう。

Lesson 04
完成したイラストを
［CCライブラリ］に登録しよう

すべての不要な線を削除したら、イラストは完成です。これを他のドキュメントやアプリケーションでも利用できるように、［CCライブラリ］に登録しておきましょう。

練習ファイル 0304a.ai 完成ファイル （なし）

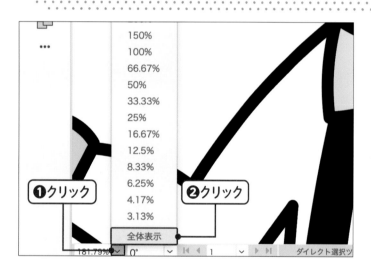

1 画面を全体表示にする

画面を全体表示に戻します。画面左下の［○○%］が表示されている部分のメニューボタン ∨ をクリックし❶、［全体表示］をクリックします❷。

2 ［CCライブラリ］パネルを表示する

アートボード全体が表示されました。続いて［CCライブラリ］パネルを表示します。画面右側のパネルアイコンから、［CCライブラリ］パネルのアイコン ▣（［CCライブラリ］パネルが開いている場合は［CCライブラリ］タブ）をクリックします❶。

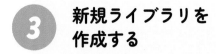

新規ライブラリを作成する

[CCライブラリ] パネルが表示されました。このパネルの中には、素材を整理整頓する「ライブラリ」を複数作成することができます。パネル上部に表示された [＋新規ライブラリ作成] をクリックします❶。

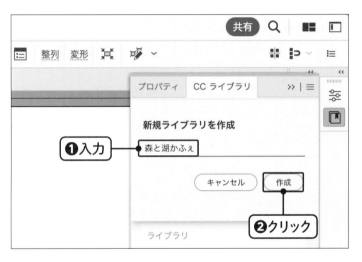

新規ライブラリ名を入力する

新規ライブラリを作成するダイアログボックスが表示されます。[ライブラリ名] の入力欄に「森と湖かふぇ」と入力し❶、[作成] ボタンをクリックします❷。

新しいライブラリができた

新しいライブラリ「森と湖かふぇ」が作成され、さまざまな素材を登録できる状態になりました。

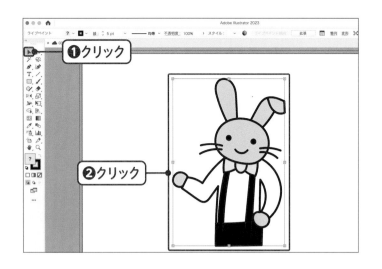

6 ［選択ツール］でイラスト をクリックする

「森と湖かふぇ」ライブラリの中にイラストを登録していきます。［選択ツール］ ▶ をクリックし❶、グループになっているイラストをクリックします❷。

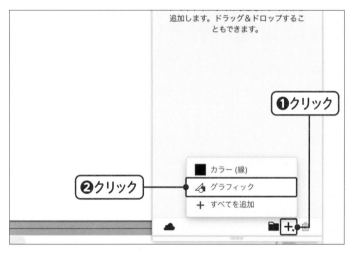

7 ［グラフィック］として 追加する

［CCライブラリ］パネル下部にある［+］ボタンをクリックし❶、［グラフィック］をクリックします❷。

> **MEMO**
>
> ［CCライブラリ］パネルには、選択したオブジェクトをグラフィックとして登録したり、色や文字のスタイルだけを抽出して登録したりすることができます。

8 ライブラリにイラストが 追加された

確認画面が表示された場合は、［OK］ボタンをクリックします。ライブラリにイラストが登録されました。追加された素材には個別に名前を付けることができるので、［アートワーク1］となっている文字の上をダブルクリックし❶、「イラスト」に名前を変更します❷。

Chapter

4

ロゴタイプを作ろう
〜Illustrator

この章では、Illustratorの［文字ツール］を使ってお店の名前を入力し、好みのフォントを指定する方法を学びます。さらに文字を自由に移動させてから図形に変換し、オリジナルのロゴタイプを作成します。

ロゴタイプを作ろう
〜 Illustrator

完成イメージ

POINT **1** POINT **3** POINT **2** POINT **4**

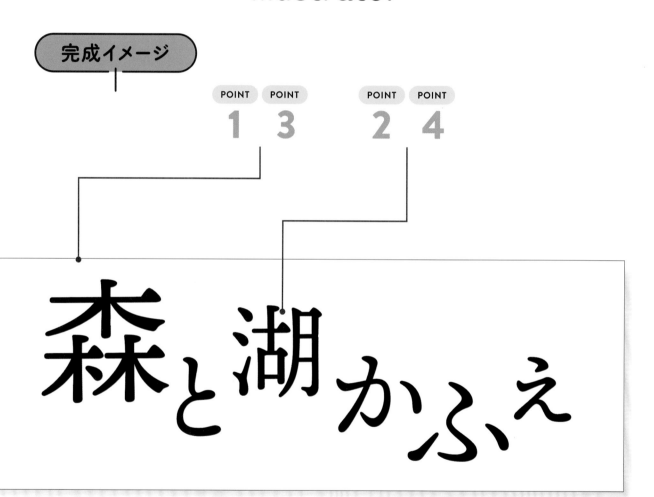

この章のポイント

POINT

1

文字入力をする　　➡ P.90

［文字ツール］を使って、文字を入力することができます。

森と湖かふぇ

POINT

2

文字の大きさと フォントを変更する　➡ P.92 P.94

入力した文字の大きさやフォントを変更することができます。

POINT

3

Adobe Fontsを 利用する　➡ P.94

アドビが提供するフォントサービスを使って、好きなフォント をダウンロードして利用できます。

POINT

4

文字を自由な配置にする　➡ P.98

［文字タッチツール］を使い、個々の文字の位置や大きさを自 由に変更することが可能です。

Lesson 01

文字を入力しよう

ここでは、Illustratorを使った文字入力の方法を練習します。文字を扱えるようになると、作成できる作品の幅がぐっと広がりますので、しっかり操作を覚えましょう。

練習ファイル （なし） 完成ファイル 0401b.ai

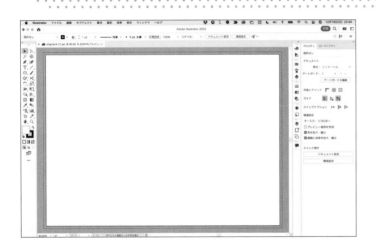

1 新規ドキュメントを作成する

P.16を参考に、Illustratorで［印刷］タブから［A4］サイズを選択し、［方向］を「横位置」 ■ に設定して、新規ドキュメントを作成します。

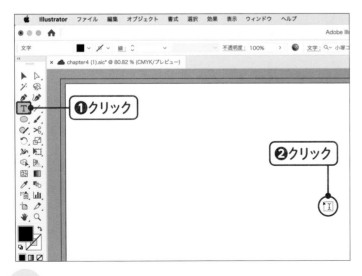

2 ［文字ツール］でアートボード上をクリックする

ツールパネルから［文字ツール］ T クリックし❶、アートボードの中央をクリックします❷。

❶クリック

❷クリック

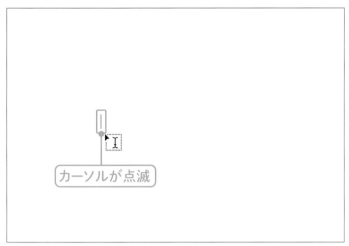

カーソルが点滅

3 カーソルが点滅した

クリックした箇所にカーソルが表示され、点滅します。この位置から文字を入力することができます。

❶入力

森と湖かふぇ

	1	かふぇ	ひらがな
	2	そのほかの文字種	
Google			10/11

4 文字を入力する

そのままの状態で、キーボードをひらがな入力に切り替えて、「森と湖かふぇ」と入力します❶。

❶クリック

文字列が選択された

森と湖かふぇ

5 文字が入力された

文字が入力されました。[選択ツール] をクリックすると❶、文字の周囲にバウンディングボックスが表示され、文字列が選択された状態になります。

Lesson 02
入力した文字のサイズを変更しよう

ここでは、入力した文字を自分の好きな大きさに変更する方法を学びます。数値を入力して、指定した大きさにすることが可能です。

練習ファイル 0402a.ai 完成ファイル 0402b.ai

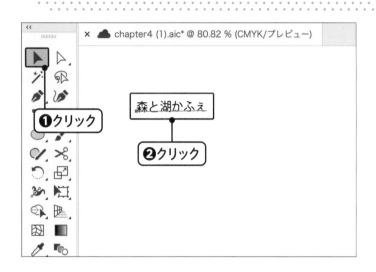

1 入力された文字列を選択する

[選択ツール] ▶ をクリックし❶、文字列「森と湖かふぇ」をクリックして❷、選択された状態にします。

2 [プロパティ] パネルを表示する

右側のパネルアイコンから、[プロパティ]パネルのアイコン（パネルが表示されている場合は[プロパティ]タブ）をクリックします❶。

MEMO

[プロパティ]パネルでは、作業状況に応じてさまざまな設定を行うことができます。ここでは、文字関連の設定を行います。

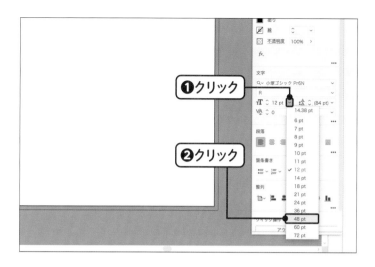

❶クリック

❷クリック

③ 文字のサイズを 48ptにする

[プロパティ]パネルが表示されました。[フォントサイズを設定]入力欄右側のメニュー ∨ をクリックし ❶、[48pt]をクリックします ❷。

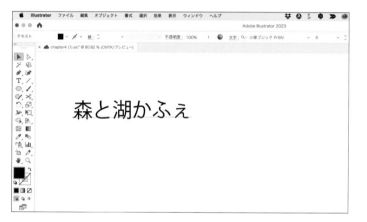

森と湖かふぇ

④ 文字のサイズが 48ptになった

文字のサイズが48ptになりました。

CHECK

文字サイズは1ptずつ自由な大きさに設定することも可能

[プロパティ]パネルの[フォントサイズを設定]入力欄の左側には上向きと下向きのボタン↕がありますが、これらをクリックすることで1ptずつ文字サイズを変更することが可能です。なお、[印刷]の設定でドキュメントを作成した場合、文字サイズの単位は自動的に「pt（ポイント）」になります。

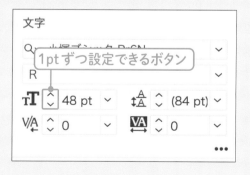

1ptずつ設定できるボタン

Lesson 03
入力した文字のフォントを変更しよう

Adobe Fontsというサービスを利用して、自分の作業環境にインストールされていないフォントをダウンロードすることができます。ここでは、入力した文字にAdobe Fontsのフォントを指定します。

練習ファイル 0403a.ai　完成ファイル 0403b.ai

1 [フォントファミリを設定]の ドロップダウンメニューを開く

[プロパティ]パネルが開いた状態で、[文字]セクションの一番上にある[フォントファミリを設定]右側のメニューボタン ∨ をクリックします❶。

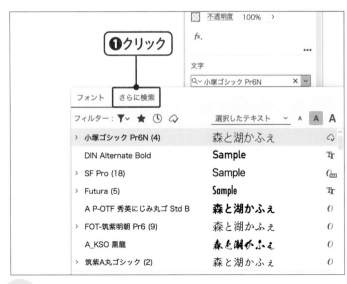

2 [さらに検索]を クリックする

メニューが開き、フォント名の一覧が表示されました。メニュー上部の[さらに検索]タブをクリックします❶。

> **MEMO**
>
> [さらに検索]タブ内では、アドビが提供しているフォントを検索してダウンロードできます。その際、お使いのパソコンがインターネットに接続されている必要があります。

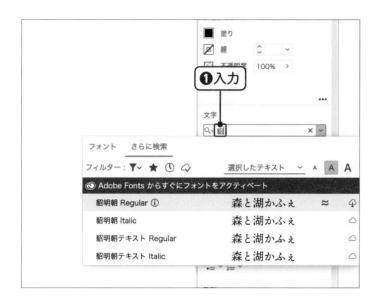

3 フォント名の入力欄に「貂」と入力する

「Adobe Fonts からすぐにフォントをアクティベート」と表示されました。今回はアドビが提供する「貂明朝」というフォントを利用します。フォントファミリ名の入力欄に「貂」と入力します❶。

MEMO

漢字の「貂」は「てん」と入力すると変換候補に出てきます。

4 利用するフォントをプレビューする

「貂」という文字列を含んだフォント名の一覧が表示されました。フォントをダウンロードする前に、実際の表示をプレビューして確認することができます。「貂明朝 Regular」というフォント名にマウスカーソルを重ねます❶。

5 利用するフォントをアクティベートする

フォントがプレビューされました。[アクティベートする]ボタン🔼をクリックします❶。

MEMO

フォント名にマウスカーソルを重ねてプレビューするだけでは、実際のフォントは指定されていません。フォントをアクティベート（認証作業のこと）し、ダウンロードすることで、実際に利用可能になります。

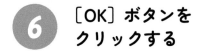

6 ［OK］ボタンを クリックする

「このフォントをアクティベートしますか?」というメッセージが表示されるので、［OK］ボタンをクリックします❶。

ダウンロードが 完了した

7 フォントが アクティベートされた

しばらく待つとフォント名の右のアイコンにチェックマークがつき、アクティベートとダウンロードが完了したことがわかります。パソコンの設定によっては、ライセンス認証の通知が表示される場合もあります。

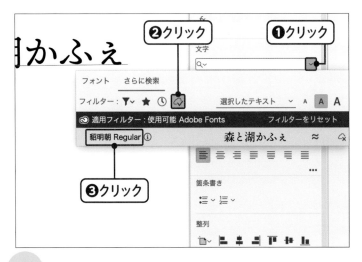

❷クリック ❶クリック ❸クリック

8 ダウンロードされた フォントを利用する

文字列が選択された状態で、［プロパティ］パネル内の［フォントファミリを設定］の右側のメニューボタン　をクリックし❶、［フィルター］欄の雲の形のアイコン　をクリックします❷。すると、［貂明朝Regular］のフォント名が表示されるのでクリックします❸。

フォントが変更された

9 文字列のフォントが変更された

文字列「森と湖かふぇ」のフォントが、ダウンロードした「貂明朝Regular」に変更されました。

CHECK

Adobe Fontsとは

ここで紹介したAdobe Fontsは、アドビが提供するフォントのダウンロードサービスです。Creative Cloudのサブスクリプション契約をしていれば、登録されているすべてのフォントを利用可能です。体験版を利用している場合は利用できるフォント数に制限がありますが、今回紹介した「貂明朝 Regular」は利用可能です。また、Adobe FontsのフォントはサービスのWebサイトでアクティベートするだけではなく、今回の例で説明したように、Illustratorの［文字］パネルの中からも直接アクティベートが可能です。

なお、アクティベートには時間がかかったり、うまくいかなかったりすることもあるので、その場合は日を置いてまた試してみましょう。

Lesson 04

文字を図形に変換して
ロゴタイプにしよう

ここでは、［文字タッチツール］を使って文字を自由な位置に並べ替え、大きさも変更して、動きのあるロゴタイプに仕上げていきます。

練習ファイル **0404a.ai**　完成ファイル **0404b.ai**

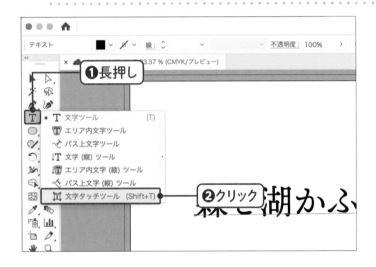

1　［文字タッチツール］を クリックする

ツールパネルの［文字ツール］ T を長押しし❶、［文字タッチツール］ 囗 をクリックします❷。

MEMO

［文字タッチツール］囗が表示されない場合は、P.20を参考にワークスペースを［初期設定（クラシック）］にしてください。

2　動かしたい文字を クリックする

文字列の中の「と」の字の中央あたりをクリックします❶。

③ 文字の位置を動かす

「と」の字の周囲にバウンディングボックスが表示され、選択された状態になりました。文字の中央あたりをつかんで、少し下のほうにドラッグします❶。

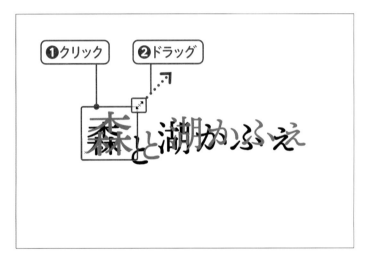

④ 文字を大きくする

「と」の字が下に移動しました。次は「森」の字の大きさを変えてみます。「森」の字をクリックし❶、バウンディングボックスの右上のハンドルを右斜め上方向にドラッグします❷。

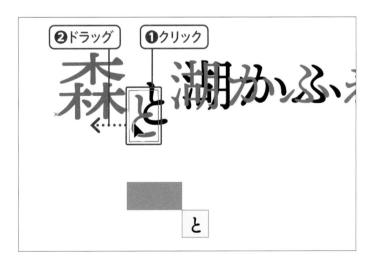

⑤ 文字間を詰める

「森」の字が大きくなりました。次は、文字と文字の間を詰めてみましょう。「と」の字をクリックし❶、図を参考に「森」の字のほうにドラッグして近づけます❷。

6 全体を仕上げる

「と」の字が移動しました。あとは、図を参考にそれぞれの文字の位置と大きさを個別に変更し、おいしくて楽しそうなカフェのイメージになるように仕上げます。

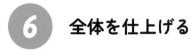
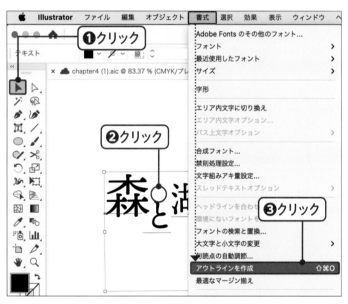

7 文字列を図形に変換する

最後に、文字列を図形に変換します。[選択ツール] をクリックし❶、文字列をクリックして選択し❷、[書式] メニュー→[アウトラインを作成] の順にクリックします❸。

> **MEMO**
>
> 貂明朝のフォントを持っていない人にロゴタイプのデータを渡しても正確に表示させるため、文字列を図形に変換しておきます。このことを「アウトライン化する」と言います。

8 ロゴタイプが完成した

バウンディングボックスの表示状態が変わり、文字列が図形に変換されました。ロゴタイプはこれで完成です。P.30を参考にしてファイルを保存し、P.86を参考に「ロゴタイプ」という名前で[CCライブラリ] に登録します。

Chapter

5

ロゴタイプに添えるマーク
を作ろう〜Illustrator

この章では、第4章で作成した文字だけのロゴタイプに添える
「マーク」を作成します。基本的な図形を組み合わせて変形させ、
静かにたたずむ杉の木たちのマークを作っていきましょう。

ロゴタイプに添えるマークを作ろう
〜Illustrator

完成イメージ

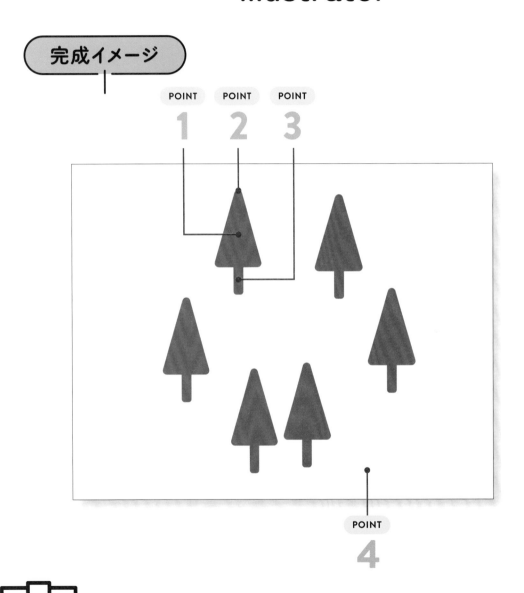

POINT 1　POINT 2　POINT 3

POINT 4

この章のポイント

POINT

1 長方形や二等辺三角形を描く → P.104

[長方形ツール] で細長い長方形を描いたり、一度描いた正三角形のバウンディングボックスを使って、二等辺三角形に変形させたりすることができます。

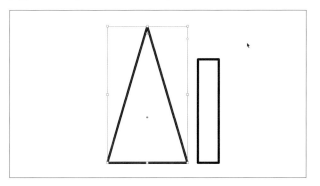

POINT

2 図形の角を丸くする → P.106

図形の四隅にある丸い印 [ライブコーナーウィジェット] を使って、図形の角を丸くすることができます。

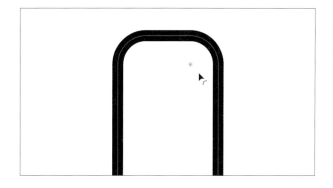

POINT

3 図形同士を整列させる → P.108

[整列] 機能を使って、複数の図形を中央で揃えたり、上揃えや左揃えで揃えたりすることができます。

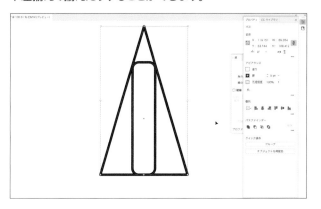

POINT

4 図形をブラシに登録して散らばせる → P.112

図形をブラシに登録すると、描いた線に沿ってランダムに図形を散らばせることができます。

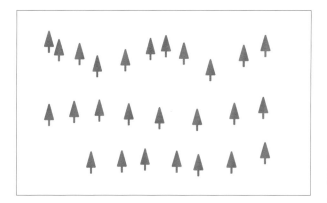

Lesson 01

二等辺三角形と長方形を描こう

ここでは、バウンディングボックスを使って正三角形を二等辺三角形に変形させる方法と、長方形を描く方法について見ていきます。

練習ファイル（なし） 完成ファイル 0501b.ai

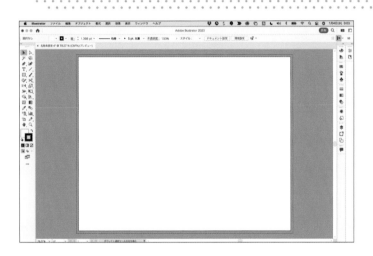

1 新規ドキュメントを作成する

P.16を参考に、Illustratorで [印刷] タブから [A4] サイズを選択し、[方向] を「横位置」 に設定して、新規ドキュメントを作成します。

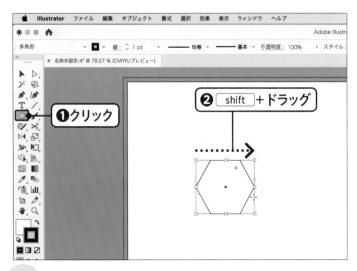

2 正六角形を描く

ツールパネルから [多角形ツール] をクリックし❶、 Shift キーを押しながら左から右方向にドラッグして❷、正六角形を1つ描きます。

> **MEMO**
>
> 正六角形の描き方を忘れた場合は、P.44を参照してください。

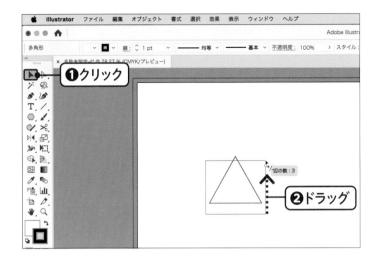

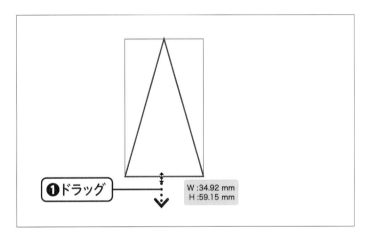

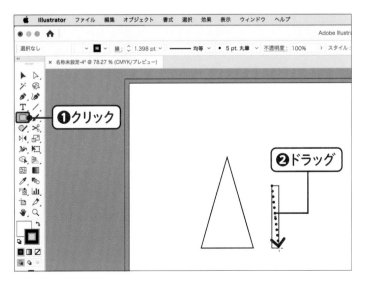

③ 正三角形に変形する

正六角形が描かれました。［選択ツール］ ▶ をクリックし❶、バウンディングボックス上の菱形のハンドル ◇ を上方向にドラッグして❷、正三角形に変型します。

MEMO

正三角形への変型方法を忘れた場合は、P.44を参照してください。

④ 二等辺三角形に変形する

正三角形ができました。［選択ツール］ ▶ のまま、正三角形の底辺中央にあるハンドルを下方向にドラッグして❶、細長い二等辺三角形に変型します。

⑤ 細長い長方形を描く

二等辺三角形ができました。［長方形ツール］ ▢ をクリックし❶、杉の木の幹となる細長い長方形をドラッグして描きます❷。

Lesson 02

図形の角を丸くしよう

［選択ツール］や［ダイレクト選択ツール］で図形を選択したときに表示される「ライブコーナーウィジェット」を利用して、描いた図形の角を丸くする方法を学びましょう。

練習ファイル **0502a.ai**　完成ファイル **0502b.ai**

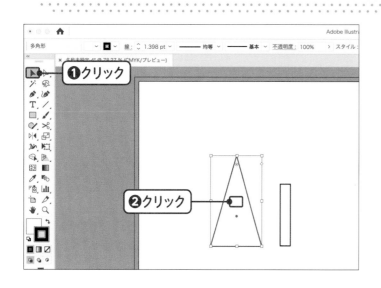

1 ［選択ツール］で二等辺三角形をクリックする

［選択ツール］ ▶ をクリックし❶、二等辺三角形をクリックします❷。

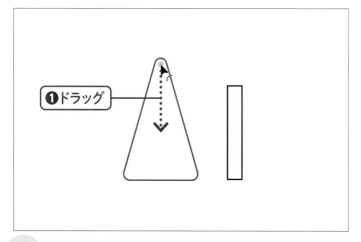

2 ライブコーナーウィジェットで角を丸くする

三角形のバウンディングボックス上部に目玉のようなアイコン ◎ の「ライブコーナーウィジェット」が表示されました。これをつかんで内側方向にドラッグし❶、角が少し丸くなったところでマウスから指を離します。

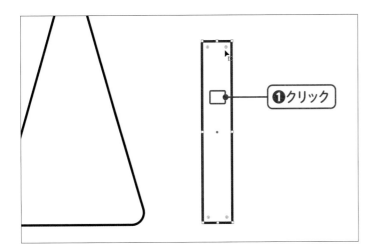

③ ［選択ツール］で 長方形をクリックする

二等辺三角形の角が少し丸くなりました。続いて、［選択ツール］ ▶ のまま細長い長方形をクリックします❶。ライブコーナーウィジェットが表示されない場合は、［ズームツール］ 🔍 を使って拡大すると、表示されるようになります（P.82参照）。

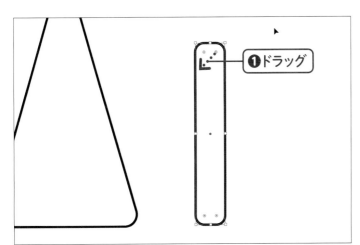

④ ライブコーナーウィジェット を使って角を丸くする

二等辺三角形の場合と同様に、ライブコーナーウィジェットを内側方向にドラッグして角を丸くします❶。

CHECK

［プロパティ］パネルを利用すると角丸の正確な数値指定もできる

ここでは、ライブコーナーウィジェットを使って自由な大きさで図形の角を丸くする方法について紹介しました。もし、正確な数値指定で角丸を作る必要がある場合は、図形が選択された状態で［プロパティ］パネルの［変形］セクション右下にある［…］をクリックし、表示された入力欄に数値を指定して角丸を作ることもできます。

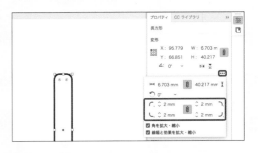

Lesson 03

2つの図形を整列させよう

ここでは、2つの図形を整列する方法について学びます。二等辺三角形と長方形を整列させて、杉の木を描いていきます。

練習ファイル 0503a.ai 完成ファイル 0503b.ai

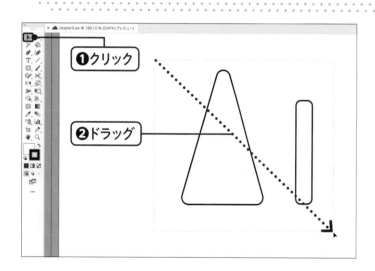

1 2つの図形をまとめて選択する

[選択ツール] ▶ をクリックし❶、2つの図形を囲むようにドラッグして選択します❷。

MEMO

図形を整列させるには、あらかじめ整列させたい図形をすべて選択しておく必要があります。

2 [水平方向中央に整列]ボタンをクリックする

2つの図形が選択されたままの状態で、[プロパティ]パネルのアイコン ⚙ (パネルが開いている場合は[プロパティ]タブ)をクリックして表示します❶。[整列]セクション左から2番目の[水平方向中央に整列]ボタン ▬ をクリックします❷。

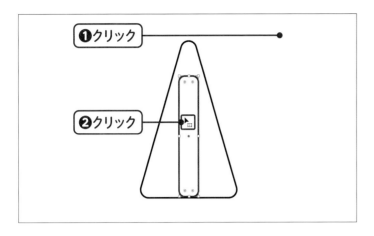

③ ［選択ツール］で 長方形をクリックする

2つの図形が、水平方向中央の位置で揃いました。長方形の位置を調節したいので、［選択ツール］▶で何もない箇所をクリックしてから❶、長方形だけをクリックして選択します❷。

❶クリック

❷クリック

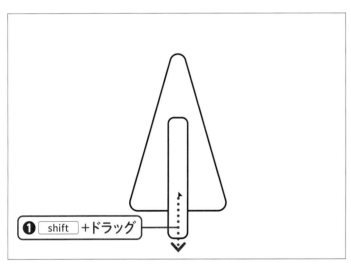

❶ shift ＋ドラッグ

④ 長方形を垂直方向に 位置調整する

shift キーを押しながら長方形を上下方向にドラッグすると、垂直方向に限定して位置調整が行えます。ここでは、下方向にドラッグして❶、位置を調整します。

MEMO

shift キーを押しながら図形を移動させると、45度刻みで方向を限定することができます。

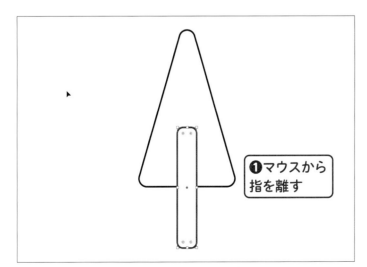

❶マウスから 指を離す

⑤ バランスのよいところで 止める

図を参考に、ちょうどよい位置に来たらマウスから指を離し❶、最後に shift キーから指を離します。

Lesson 04

図形を合体させよう

ここでは、重ねた画像を合体させる方法について学びます。画像を合体させるとずれることがなくなるので、ロゴマークなどを作成する際にとても便利です。

練習ファイル 0504a.ai 完成ファイル 0504b.ai

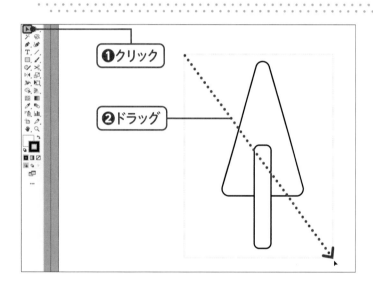

1 2つの図形をまとめて 選択する

[選択ツール] ▶ をクリックし❶、2つの図形を囲むようにドラッグして選択します❷。

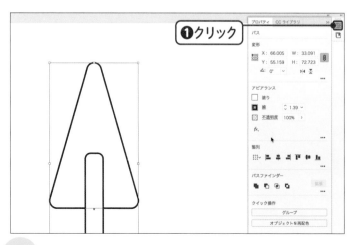

2 プロパティパネルを 表示する

[プロパティ] パネルのアイコン ⚙ (パネルが表示されている場合は [プロパティ] タブ) をクリックし❶、パネルを表示します。

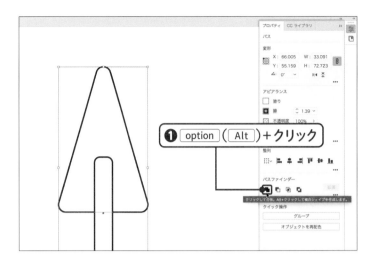

3 図形を合体する

option キー（Windowsの場合は Alt キー）を押しながら、[プロパティ]パネル内の「パスファインダー」のセクションに並ぶアイコンのうち、一番左にある[クリックして合体] ■ をクリックします❶。

MEMO

option キー（Windowsの場合は Alt キー）を押しながら操作すると、あとで再編集することができます。

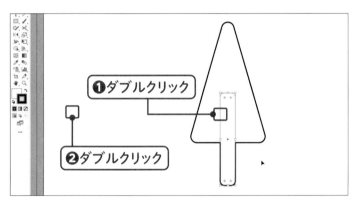

4 再編集したい場合はダブルクリックする

2つの図形が合体することで、杉の木の形ができました。位置を微調整したい場合は、合体した図形をダブルクリックすると❶、グループ編集モードになり、位置や大きさの変更が行えます。編集を終えるには、何もない箇所をダブルクリックします❷。

CHECK

再編集可能な状態で合体しておくと便利

「パスファインダー」のボタンは、 option キー（Windowsの場合は Alt キー）を使わずにクリックすると、完全にくっついて再編集できない状態で合体してしまいます。もう絶対に変更することがないロゴマークなどは再編集できない状態で合体してもよいですが、まだあとでバランス調整などをしたいときには option キー（Windowsの場合は Alt キー）を押しながら合体することをおすすめします。

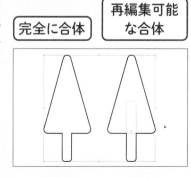

完全に合体　再編集可能な合体

Lesson 05

図形をブラシに登録しよう

図形が完成したら、ブラシに登録していきます。これにより、描いた線上にブラシがランダムに並ぶ状態を作成することができます。

練習ファイル 0505a.ai　完成ファイル 0505b.ai

1 拡大縮小の設定を変更する

図形を縮小する前に、拡大縮小の設定を変更します。[ツール]パネルの[拡大縮小ツール]のアイコン をダブルクリックし❶、ダイアログボックスが表示されたら、[角を拡大・縮小]のチェックボックスにチェックを入れ❷、[OK]ボタンをクリックします❸。

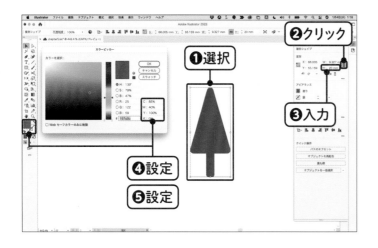

2 図形を縮小して色を変更する

[選択ツール] で杉の木の図形を選択し❶、プロパティパネルの「変形」セクションにある[縦横比を維持]アイコンが になるようにクリックし❷、[H]（高さ）に「20mm」を入力します❸。また、[塗り]を以下のように設定し❹、[線]を[なし] にします❺。

C	85%
M	40%
Y	100%
K	0%

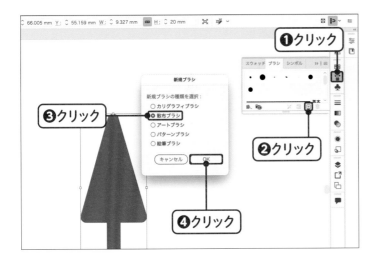

③ ブラシパネルを表示して ［散布ブラシ］を選択する

図形が選択されたままの状態で[ブラシ]パネルのアイコン 🐾 をクリックして表示し❶、右下の[新規ブラシ]ボタン ⊞ をクリックします❷。[新規ブラシ]ダイアログボックスが表示されるので[散布ブラシ]をクリックし❸、[OK]ボタンをクリックします❹。

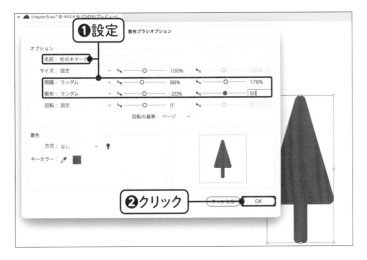

④ ［散布ブラシ］の詳細を 設定する

[散布ブラシオプション]ダイアログボックスが表示されるので、以下の項目のみ設定し❶（その他の要素はすべてデフォルト通りにしておきます）、[OK]ボタンをクリックします❷。

名前	杉の木マーク
間隔	ランダム／左 88%／右 178%
散布	ランダム／左 -20%／右 50%

⑤ 図形がブラシに 登録されたのを確認する

[ブラシ]パネルの中に、作成した図形が登録されているのが確認できます。

Lesson 06

登録したブラシを使って
ロゴマークを仕上げよう

いよいよ、登録したブラシを使ってロゴマークを描いていきます。サイズやバランスなどもあとから
調整することが可能です。

練習ファイル 0506a.ai 完成ファイル 0506b.ai

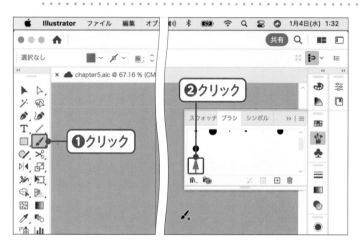

1 ［ブラシツール］をクリック してブラシを選択する

ツールパネルから［ブラシツール］ ✏ をクリックし
❶、ブラシパネル内の「杉の木マーク」をクリックし
ます❷。

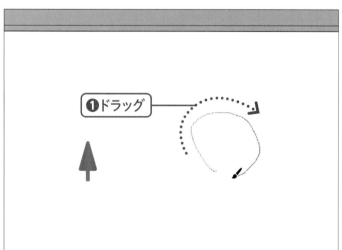

2 小さな円を描く

［ブラシツール］ ✏ を使ってアートボード内で小さ
な円をドラッグして描きます❶。

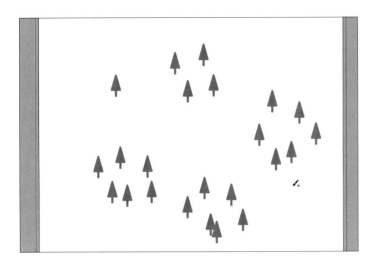

③ 何回かやり直して よい形を探す

線に沿って杉の木の図形が散布されます。だいたい 4〜6本程度の杉の木が散らばるサイズが目安です。 一度でよいバランスの杉の木の並びにならない場合 は、何回か円を描きなおして、よいバランスになる まで試してみます。

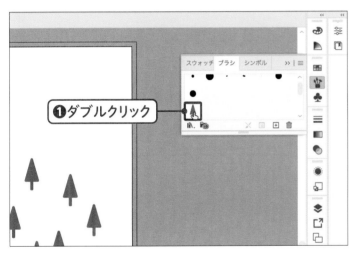

❶ダブルクリック

④ ダブルクリックで ブラシを再編集する

木と木のバランスがどうしても悪い場合は、[散布ブ ラシ]の設定自体を再編集することもできます。[ブ ラシ]パネル内の「杉の木マーク」の部分をダブルク リックします❶。

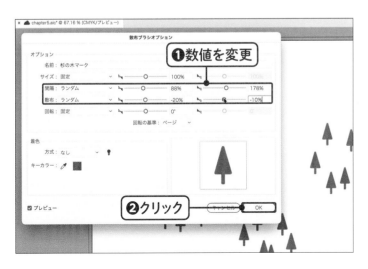

❶数値を変更

❷クリック

⑤ 数値を微調整する

[散布ブラシオプション]ダイアログボックスが表示 されるので、「間隔」と「散布」の左右の数値を少し ずつ変更し❶、[OK]ボタンをクリックします❷。「こ のブラシは使用中です…」というアラートが表示さ れた場合には、[適用]をクリックします。

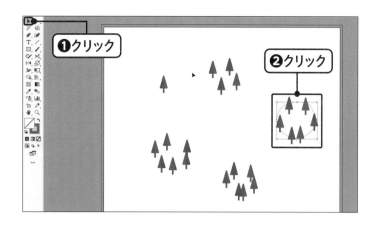

6 バランスがよくなったところで止める

バランスのよい並びのロゴマークができたら、[選択ツール] をクリックし①、使用したいロゴマークをクリックします②。

7 アピアランスを分割する

[オブジェクト] メニュー→ [アピアランスを分割] の順にクリックし①、できあがったロゴマークの並びを固定させて完成です。

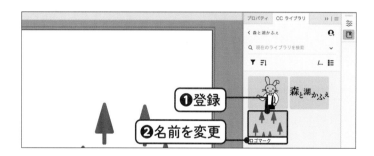

8 ライブラリに登録する

このロゴマークはあとの章で利用するので、P.86を参考に「森と湖かふぇ」のライブラリに登録します①。名前は「ロゴマーク」に変更しておきます②。

CHECK

アピアランスを分割するメリットとは?

工程の最後で「アピアランスの分割」を行いました。これを行わないでそのままマークとして利用してしまうと、サイズ変更をしたときに散布ブラシの散布のバランスが変わり、杉の木の並び方が変化してしまう場合があります。「アピアランスの分割」を行うと、現在見えている並び方のままでパスが作成され、サイズ変更をしても木の並びに変化がないため、ロゴマークなどの作成には非常に便利です。

拡大縮小で
並びが
崩れる例

Chapter

6

写真を編集しよう
〜Photoshop

この章では、Photoshopで写真編集をする際の基礎を学んでいきます。写真の色やコントラストを変更したり、範囲を指定して写真の一部分だけを編集したりできるようになります。

写真を編集しよう
〜Photoshop

完成イメージ

POINT 1

POINT 2

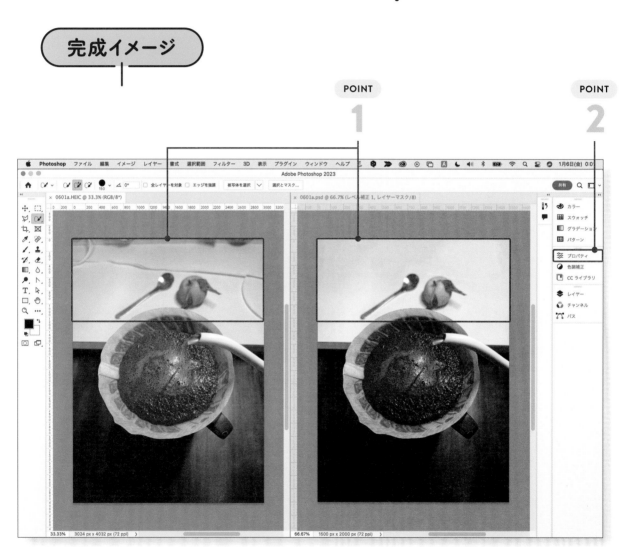

POINT 1

写真の中のゴミや不要なものを消す → P.120

写真の中に写っている不要なものやゴミなどを、［スポット修復ブラシ］を使って自然な感じで消すことができます。

POINT 2

写真の色調やコントラストを編集できる → P.124

［調整レイヤー］の機能を利用して、写真データを破壊しないように色調やコントラストを編集することができます。

POINT 3

範囲を指定して編集できる → P.128 P.132

写真の一部分だけを選択し、その範囲内だけを編集することができます。

POINT 4

選択範囲を保存できる → P.128

選択範囲を保存して、何度でも再利用して編集することができます。

Lesson 01
写真の不要な部分を消去しよう

お気に入りの写真なのにゴミが写っていた、汚れを消したいなど、写真内の不要な部分を消去したい場合は多いでしょう。ここでは、そういった場合にぴったりのテクニックを学びます。

練習ファイル 0601a.jpg 完成ファイル 0601b.jpg

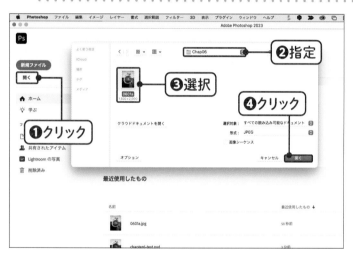
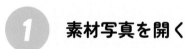

1 素材写真を開く

まずは、素材写真のファイルを開きます。P.14を参考にPhotoshopを起動し、スタート画面の[開く]ボタンをクリックします❶。練習ファイルのある[Chap06]フォルダを指定し❷、[0601a.jpg]を選択して❸、[開く]ボタンをクリックします❹。

2 [ズームツール] で画面を拡大する

写真[0601a.jpg]が開きました。ツールパネルから[ズームツール] 🔍 をクリックし❶、写真上部の電源コードのあたりを2〜3回クリックします❷。

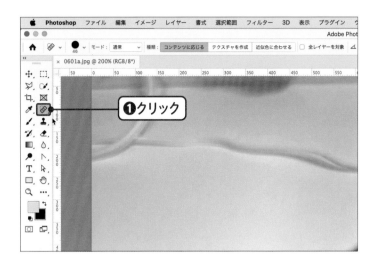

③ ［スポット修復ブラシツール］をクリックする

電源コードやカーテンの裾などの邪魔なものの周囲が拡大表示されました。ツールパネルから［スポット修復ブラシツール］ をクリックします❶。

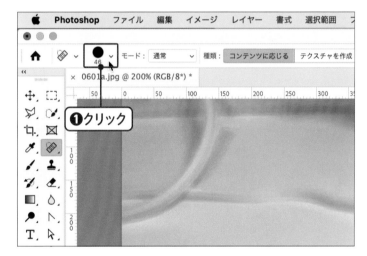

④ ブラシサイズを変更する

［スポット修復ブラシツール］ が選択され、マウスカーソルが円形になりました。このブラシの円のサイズを変更します。オプションバーのブラシサイズを変更するボタンをクリックします❶。

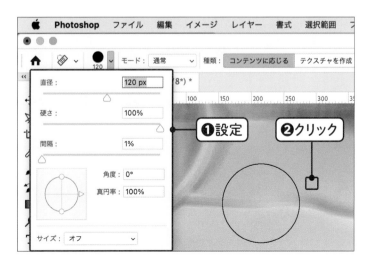

⑤ ブラシの詳細を変更する

ブラシの詳細を設定するパネルが表示されました。ブラシの詳細を以下のように設定します❶。設定が終わったら、画面の何もない箇所をクリックします❷。

直径	120px	角度	0%
硬さ	100%	真円率	100%
間隔	1%	サイズ	オフ

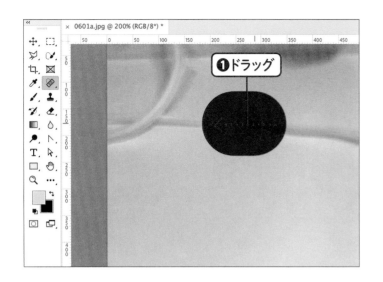

6 電源コードを消す

ブラシの設定が完了しました。電源コードを塗りつぶすように少し大きめの範囲をドラッグします❶。

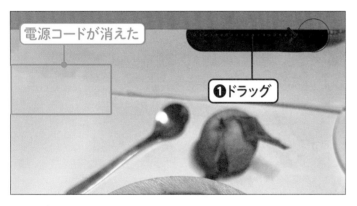

7 カーテンの裾を消す

電源コードが消えました。続いて、残りの電源コードやカーテンの裾、影の部分も同じようにドラッグして消します❶。

8 失敗した操作を取り消す

慣れないうちは、意図しない作業結果になることもあるので、失敗したと思ったら［編集］メニュー→［スポット修復ブラシツールの取り消し］の順にクリックして操作を取り消します❶。

> **MEMO**
>
> command キー（Windowsでは Ctrl キー）を押しながら z キーを押すことでも操作を取り消すことができます。

電源コードとカーテンの裾が消えた

9 電源コードと
カーテンの裾が消えた

電源コードとカーテンの裾が消去され、白い台の上がスッキリしました。

CHECK

ブラシの直径と硬さをかんたんに変更するテクニック

P.121では、オプションバーからブラシの直径と硬さを変更しましたが、操作に慣れてきたら、マウスとキーボードを使って変更することが可能です。[スポット修復ブラシツール]🖊をクリックしてマウスカーソルが円形になった状態で、[control]キーと[option]キーを押します（Windowsでは[Alt]キーを押しながら右クリック）。そのままマウスを左右に動かすと直径が変化していきます。また、マウスを上下方向に動かすとブラシの硬さが変化して、周囲がぼけた状態からくっきりした状態まで変わっていきます。このテクニックは、ブラシの直径の設定が必要な他のツールでも利用可能です。

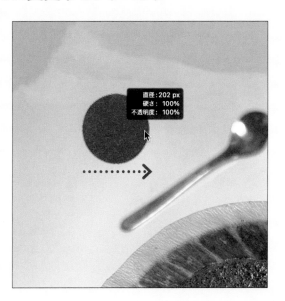

Lesson 02

写真の色味を修整しよう

ここでは、写真全体の色味を変更する方法について学びます。［調整レイヤー］という機能を使うと、あとから何回でも編集し直したり、取り消したりすることができます。

練習ファイル 0602a.jpg 　完成ファイル 0602b.psd

1 使わないパネルをたたむ

［レイヤー］パネルの表示が狭い場合、画面右にある［カラー］パネルなどの使わないタブをダブルクリックしてたたみます❶。

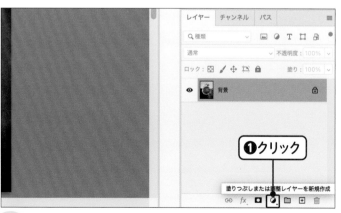

2 ［調整レイヤー］を追加する

［レイヤー］パネルが広く表示されました。写真にさまざまな変更を付け加えることができる［調整レイヤー］を挿入します（P.127のCHECK参照）。図を参考に［レイヤー］パネル下部の［塗りつぶしまたは調整レイヤーを新規作成］アイコン ◐ をクリックします❶。

③ ［色相・彩度］を クリックする

メニューが表示されるので、［色相・彩度］をクリックします❶。

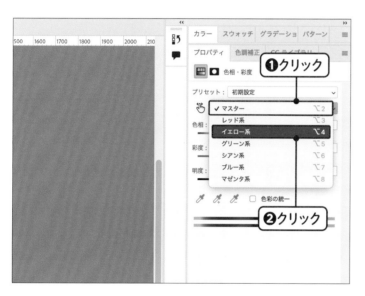

④ ［プロパティ］パネルで ［イエロー系］を選択する

［プロパティ］パネルの［色相・彩度］の詳細設定項目が表示されました。上から2番目にある［マスター］と表示されているドロップダウンメニューをクリックし❶、［イエロー系］をクリックします❷。

> **MEMO**
>
> この操作を行うと、選択した色相だけに変化が適用されます。［マスター］の場合は画面全体に対して変化が適用されます。必要に応じて使い分けてください。

⑤ 色相を変更する

操作の範囲が［イエロー系］に設定されました。［色相］のスライダを「+10」になるように右方向にドラッグします❶。写真上部にある柚子などの黄色みが強くなります。

6 [調整レイヤー]を もう1つ追加する

今度はコントラストを変えてみます。[レイヤー]パネル下部の[塗りつぶしまたは調整レイヤーを新規作成]アイコン ◑ をクリックし❶、[明るさ・コントラスト]をクリックします❷。

7 コントラストの数値を 大きくする

[プロパティ]パネルの表示内容が[明るさ・コントラスト]の詳細設定になりました。[コントラスト]のスライダを「40」になるように右方向にドラッグします❶。

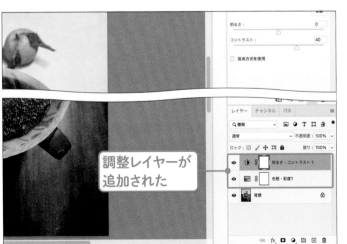

8 写真のコントラストが 変化した

写真のコントラストが高くなりました。[レイヤー]パネルの中に[色相・彩度 1]レイヤーと[明るさ・コントラスト 1]レイヤーが追加されています。2つの[調整レイヤー]が追加されたことにより、写真の色が変化しています。

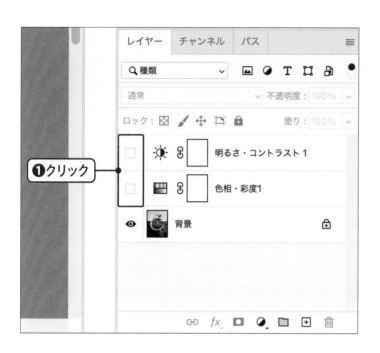

❶クリック

元の色と比較してみる

変更前と変更後の写真を比較してみます。[レイヤー]パネルの左側にある[レイヤーの表示/非表示]ボタン 👁 をクリックします❶。ボタンの表示が消え、[調整レイヤー]が非表示になるので、変更前の写真を確認することが可能です。

MEMO

確認が終わったら、[調整レイヤー]は再度表示させておいてください。

CHECK

[調整レイヤー]とは

[調整レイヤー]とは、写真のレイヤーそのものに手を加えることなく、写真の上にシートを重ねて一時的に変更されているように見せてくれる機能です。表示/非表示を切り替えることも可能ですし、不要になったら削除することもできます。

・[調整レイヤー]を表示

・[調整レイヤー]を非表示

Lesson 03

写真の一部分を選択して
保存しよう

ここでは、写真の中の一部分を選択した「選択範囲」を作成し、保存する方法を学びます。同じ範囲を繰り返し編集するときに便利です。

練習ファイル 0603a.psd　　完成ファイル 0603b.psd

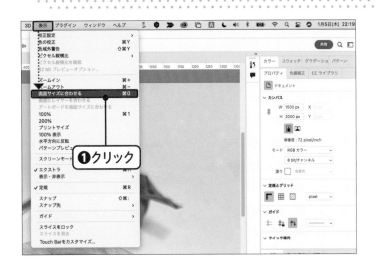

1 写真を全体表示にする

写真が拡大表示されている場合は、全体表示に戻します。[表示]メニュー→[画面サイズに合わせる]の順にクリックします❶。

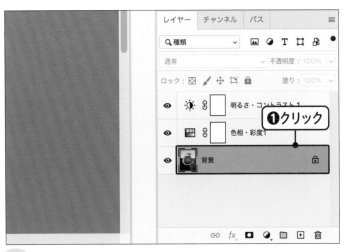

2 [背景]レイヤーを クリックする

写真全体が表示されました。作業を開始する前に、[調整レイヤー]ではなく[背景]レイヤーを選択しておく必要があります。[レイヤー]パネルの中の[背景]レイヤーをクリックします❶。

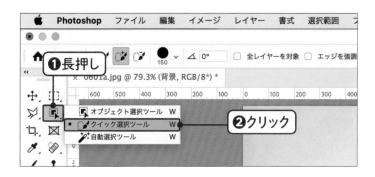

3 [クイック選択ツール] を クリックする

[背景]レイヤーが選択されました。ツールパネルの [オブジェクト選択ツール] を長押しし❶、表示 されたメニューから[クイック選択ツール] をク リックします❷。

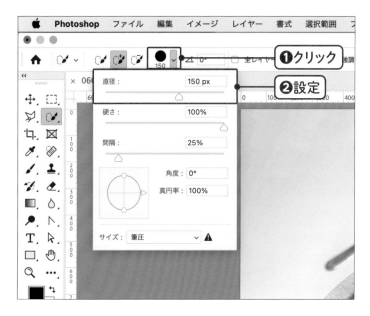

4 ブラシの大きさを 変更する

[クイック選択ツール] が選択されました。図を 参考にオプションバーのブラシサイズを変更するボ タンをクリックし❶、ブラシの[直径]を「150」px に設定します❷。

MEMO

[クイック選択ツール]は、Photoshopが自動的につな がっている領域を判断して選択範囲を作成してくれるツー ルです。色味や明るさなどに左右されず、選択範囲をつ なげてくれます。

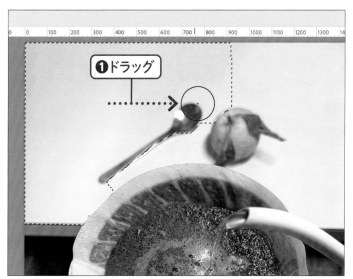

5 台の上を少しずつ 選択していく

ブラシの直径が設定できました。写真上部の白い台 をスプーンや柚子も含めて選択します。少しずつド ラッグしていくことで❶、選択範囲をつなげること ができます。

MEMO

きれいな選択範囲を作成するためには、ブラシの直径が 選びたい領域の外側にはみ出さないようにするのがコツ です。

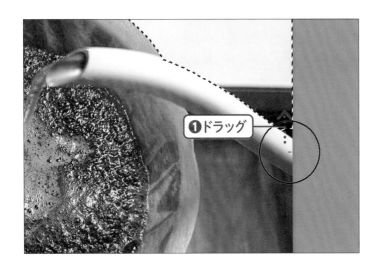

6 はみ出した部分を削除する

間違えて選択範囲がはみ出してしまった場合は、[クイック選択ツール] が選択された状態のまま option キー（Windowsでは Alt キー）を押します。選択範囲を削除するモードになるので、外側から選択範囲をドラッグして削っていきます ❶。

7 選択範囲が完成した

図を参考に白い台をすべて選択し、選択範囲を完成させます。

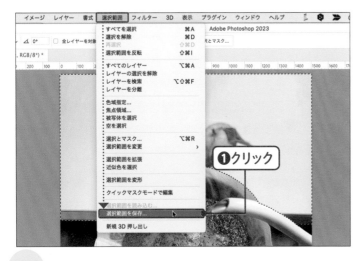

8 選択範囲を保存する

選択範囲を何回でも利用できるように保存します。[選択範囲] メニュー→ [選択範囲を保存] の順にクリックします ❶。

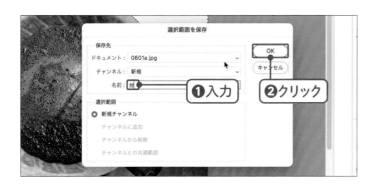

⑨ 選択範囲に名前を付ける

[選択範囲を保存] ダイアログボックスが表示されるので、[名前] 欄に「台」と入力します❶。それ以外の項目はそのままにして、[OK] ボタンをクリックします❷。

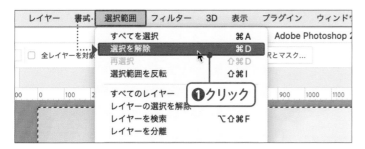

⑩ 選択を解除する

選択範囲が保存できたので、いったん解除します。[選択範囲] メニュー→ [選択を解除] の順にクリックします❶。

選択範囲が解除された

⑪ 選択範囲が解除された

選択範囲が解除されました。保存した選択範囲は、次のLessonで利用します。

CHECK

選択範囲を保存するメリット

複雑な写真編集にチャレンジするようになると、同じ選択範囲を何度も設定したり外したりする必要が出てくることもあります。もし選択範囲を保存していなければ、何度も[クイック選択ツール] などを使って作業をし直す必要があり、大変非効率です。選択範囲を保存しておけば、あとから何回でも呼び出して利用することができます。

Lesson 04

写真の一部分の明るさを修整しよう

ここでは、Lesson 03で保存した選択範囲を呼び出し、その範囲部分の明るさを変更する方法を学びます。また、選択範囲を反転させるテクニックも解説します。

練習ファイル 0604a.psd 　完成ファイル 0604b.psd

1 選択範囲を読み込む

Lesson 03で保存した選択範囲を再度呼び出します。[選択範囲]メニュー→[選択範囲を読み込む]の順にクリックします❶。

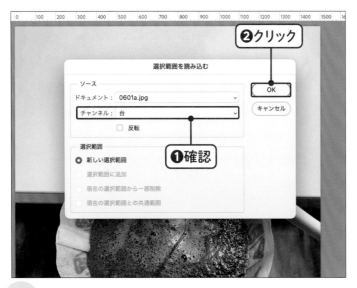

2 保存した選択範囲を選ぶ

[選択範囲を読み込む]ダイアログボックスが表示されるので、[チャンネル]の欄に「台」と表示されているのを確認し❶、[OK]ボタンをクリックします❷。

> **MEMO**
>
> 保存した選択範囲が複数ある場合は[チャンネル]欄に複数の名前が表示されるので、利用するものをドロップダウンメニューから選択します。

選択範囲が
表示された

 ## 選択範囲が表示された

Lesson 03で作成したものと同じ状態の選択範囲が表示されました。

❶クリック

 ## 選択範囲を反転する

選択範囲を反転させ、台以外の領域すべてが選択されるようにします。[選択範囲]メニュー→[選択範囲を反転]の順にクリックします❶。

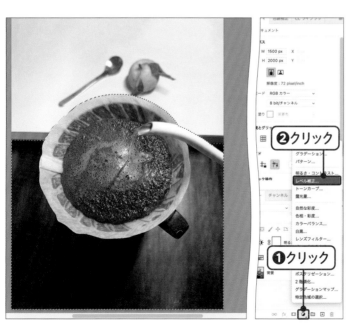

❷クリック

❶クリック

[レイヤー]パネルで [調整レイヤー]を追加する

選択範囲が反転され、周囲を取り囲む点線が変化したのがわかります。この状態のまま[レイヤー]パネルの下部から[塗りつぶしまたは調整レイヤーを新規作成]アイコン をクリックし❶、表示されるメニューから[レベル補正]をクリックします❷。

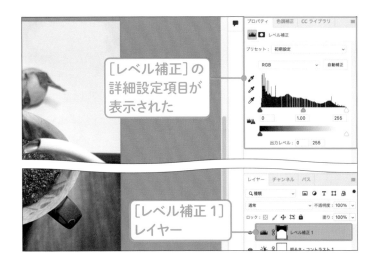

[レベル補正]の
詳細設定項目が
表示された

[レベル補正 1]
レイヤー

6 ［レベル補正］の詳細設定項目が表示された

［レイヤー］パネル内に［レベル補正 1］レイヤーが追加され、［プロパティ］パネルに［レベル補正］の詳細設定項目が表示されます。

MEMO

「レベル補正」は、写真の明るさや色調のバランス、シャドウやハイライトを詳細に設定できる機能です。

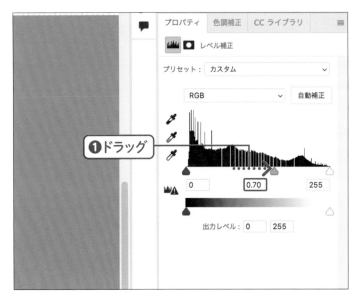

❶ドラッグ

7 選択範囲内の明るさを変える

［属性］パネル内にあるグラフ下部の中央にあるグレーの三角形を、数値が「0.70」になるようにドラッグします❶。

MEMO

このグラフのような部分は「ヒストグラム」と呼ばれ、写真の色の成分が明るさ別にどのくらい含まれているかを視覚化したものです。

CHECK

［調整レイヤー］と「非破壊編集」

アドビのサイトや他の解説書などを読むと、「非破壊編集」という用語を見かけることがあるかと思います。今回の作例のように［調整レイヤー］を利用した編集は、レイヤーを削除すれば写真が元の状態に戻るため、元のデータが非可逆的に破壊されてしまうことはありません。このような編集方法を「非破壊編集」と呼び、あとでやり直しをするときに困らないので一般的に推奨されています。

暗くなった

8 台以外の部分が暗くなった

台以外の部分だけが暗くなりました。これは、選択範囲で指定された部分だけに[調整レイヤー]の調整内容が反映されているためです。

選択範囲が白色で表示されている

9 マスクを確認する

[レイヤー]パネルの[レベル補正 1]レイヤーの名前の横には、調整内容が適用された選択範囲が表示されたマスクが表示されます。選択範囲の形になっていることを確認します。

MEMO

マスクとは、特定のエリアだけを保存し、その中だけを表示したり効果をつけたりする機能のことです。このように、選択範囲を作成して[調整レイヤー]を追加すると、選択範囲だけに調整内容が適用されます。

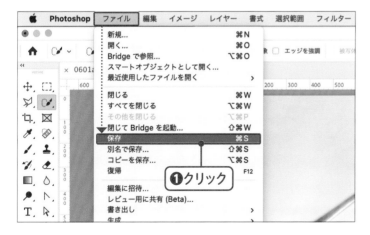

❶クリック

10 写真を保存する

作業がすべて終わったので、写真を保存します。[ファイル]メニュー→[保存]の順にクリックします❶。

MEMO

Creative Cloudに保存するかどうかの画面が表示された場合は、ここでは[コンピュータ]や[コンピュータに保存]を選択します。詳しくは、P.31を参照してください。

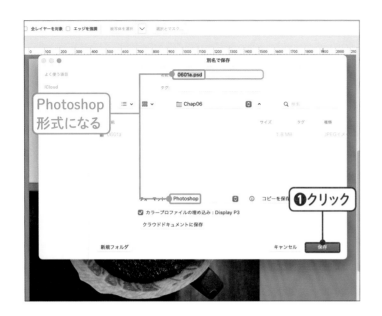

11 Photoshop 形式を選択する

「.jpg」形式のサンプルファイルを使用している場合はダイアログボックスが表示され、[名前] 欄に「0601a.psd」、[フォーマット] が「Photoshop」と表示されます。このまま [Chap06] フォルダを指定して [保存] をクリックします❶。

MEMO

フォーマットが Photoshop 形式に変換される理由は、下記の CHECK を参照してください。

12 [OK] ボタンをクリックする

[Phoroshop形式オプション] ダイアログボックスが表示される場合は、そのまま [OK] ボタンをクリックします❶。Photoshop 形式で写真が保存されます。

CHECK

なぜPhotoshop形式で保存されるの?

この章の最初で作業を開始するときには「.jpg」形式の写真だったのに、作業を進めて保存するときには「.psd (Photoshop)」形式になるのはなぜでしょうか？ 実は「.jpg」のファイル形式では、複数のレイヤーを含んだまま保存することができません。今回の作業では [調整レイヤー] を複数追加したため、Photoshop が自動的に「.psd」形式に変換してくれたのです。

Chapter

7

写真を加工しよう
〜Photoshop

この章では、写真の一部を切り抜いて向きを変えたり、背景の大きさが足りない写真を自動的に補ってサイズを変更したりといった、写真の加工についての手法を学びます。

写真を加工しよう
〜Photoshop

完成イメージ

POINT **1**　POINT **2**

POINT **3**

POINT **4**

この章のポイント

POINT 1 写真の背景の足りない部分を自動的に補う

→ P.142

［切り抜きツール］の設定を変更することで、背景の足りない部分を Photoshop が自動的に補ってくれます。

POINT 2 写真の一部分を別の場所にコピーする

→ P.144

［コピースタンプツール］を利用し、写真の一部分を別の場所にコピーすることができます。

POINT 3 写真の中の一部分を移動する

→ P.146

写真内の一部分を［コンテンツに応じた移動ツール］を使って移動できます。元の部分は自動的に補われます。

POINT 4 写真の暗い部分を自然に暗くする

→ P.148

［焼き込みツール］を使い、写真の明るい部分を暗くすることができます。

Lesson 01

写真の解像度を変更しよう

練習ファイルの素材写真の解像度をちょうどよく下げてから作業を始めましょう。デジタルカメラなどで非常に大きな写真を撮ったときなどに、この手法で画像サイズを下げることができます。

練習ファイル 0701a.psd 完成ファイル 0701b.psd

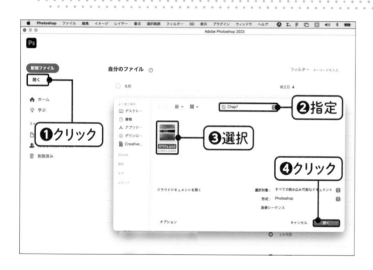

1 素材写真を開く

まずは、素材写真のファイルを開きます。P.14を参考にPhotoshopを起動し、スタート画面の[開く]ボタンをクリックします❶。練習ファイルのある[Chap07]フォルダを指定し❷、[0701a.psd]を選択して❸、[開く]ボタンをクリックします❹。

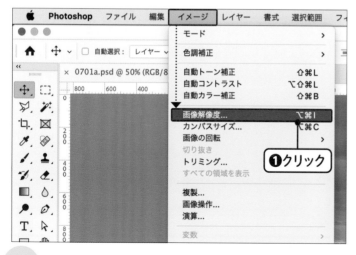

2 [画像解像度]をクリックする

写真[0701a.psd]が開きました。[イメージ]メニュー→[画像解像度]の順にクリックします❶。

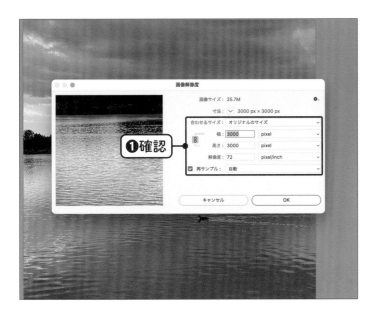

③ 設定の詳細を確認する

[画像解像度] ダイアログボックスが以下の設定に
なっているか確認します❶。単位が異なる場合は、
単位名をクリックして選択し直してください。

合わせるサイズ	オリジナルのサイズ
幅	3000pixel
高さ	3000pixel
幅と高さの左側の鎖アイコン	上下に線が表示されて有効な状態
解像度	72pixel/inch
再サンプル	チェックが入っている／自動

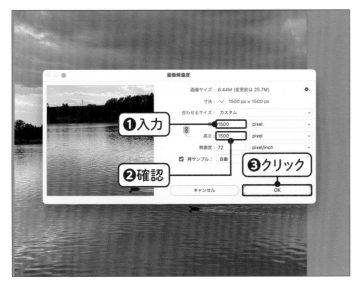

④ ［幅］の数値を1500にする

［幅］の数値を「1500」に変更します❶。幅と高さ
の左側の鎖アイコンが有効になって、縦横比が固定
されている状態なので、［高さ］の方も自動的に
1500に変わることを確認し❷、[OK] ボタンをク
リックします❸。

> ╭─ MEMO ─╮
>
> 横幅3000pixelの写真は今回の作例で利用するには、大
> きすぎるので、半分の1500pixelに下げました。

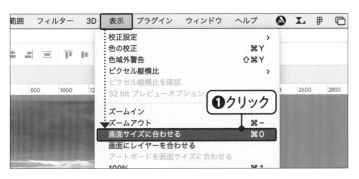

⑤ 表示を画面サイズに合わせる

画像の幅と高さが1500pixelになりました。画像
の表示が小さくなってしまったので、［表示］メニュー
→[画面サイズに合わせる] の順にクリックして❶、
画面いっぱいに表示されるように変更します。

Chapter
7

写真を加工しよう～Photoshop

141

Lesson 02

写真の足りない背景を補おう

ここでは、写真を横長の構図に変えるため、写真の左側を広げて背景を補っていきます。[切り抜きツール]の[コンテンツに応じる]機能を利用すると、Photoshopが自動的に画像を補ってくれます。

練習ファイル 0702a.psd　完成ファイル 0702b.psd

1 [コンテンツに応じる]の チェックを入れる

ツールパネルから[切り抜きツール] をクリックし❶、オプションバーの[切り抜いたピクセルを削除]と[コンテンツに応じる]にチェックを入れます❷。

MEMO

[コンテンツに応じる]にチェックを入れると、画像を拡大／回転する際に生じる隙間をPhotoshopが自動的に補ってくれます。

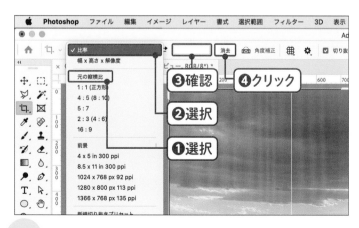

2 比率を変更する

オプションバー左上の[比率]をクリックしてドロップダウンメニューから[元の縦横比]を選択し❶、もう一度ドロップダウンメニューを表示して[比率]を選択します❷。右横の入力欄に数字が入っているか確認し❸、入っている場合は[消去]をクリックして消します❹。

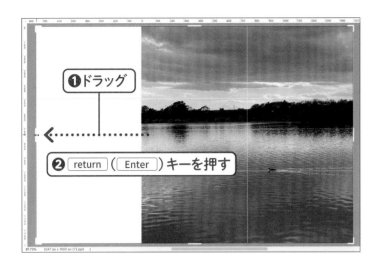

 左側の辺をドラッグする

切り抜き枠の左辺中央のハンドルを左方向にドラッグし❶、横幅が約1.5倍になるように枠を広げます。ちょうどよいサイズになったらマウスから指を離し、[return]キー（Windowsでは[Enter]キー）を押して確定します❷。

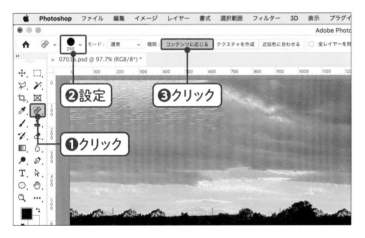

 ［スポット修復ブラシツール］を設定する

画面左側に風景の足りない部分が自動的に補われました。空に水面が混ざってしまうなど意図しない結果になった場合は、［スポット修復ブラシツール］をクリックし❶、ブラシサイズを「250px」に設定して❷、［コンテンツに応じる］をクリックします❸。

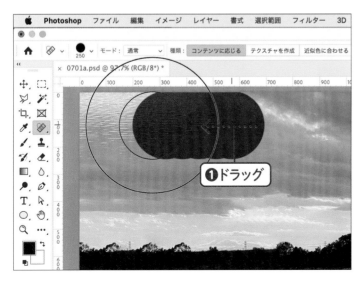

 問題のある部分をドラッグする

雲の中に水面が混ざってしまった部分を、右側の雲がある箇所から左方向にドラッグしていきます❶。すると、Photoshopが自動的に画像を判別して、雲を補ってくれます。

MEMO

意図しない結果になってしまったら、[command]キー（Windowsでは[Ctrl]キー）+[Z]キーで前の手順に戻ってもう一度やり直しましょう。

143

Lesson 03
写真の一部分を コピーしよう

写真の一部分をコピーして別の箇所を塗りつぶす方法を学びます。この機能は、汚れや違和感のあるものなどを消したいときに利用できます。ここでは、森の部分を修正する操作に利用してみます。

練習ファイル 0703a.psd 完成ファイル 0703b.psd

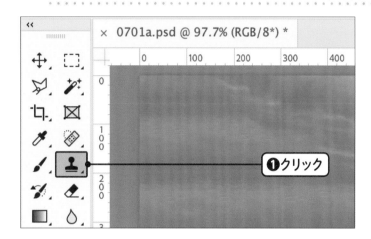

1 [コピースタンプツール] をクリックする

ツールパネルから [コピースタンプツール] をクリックします❶。

MEMO

[コピースタンプツール] は、写真内の一部領域を指定し、その領域の画像で他の場所を塗りつぶすことができる機能です。

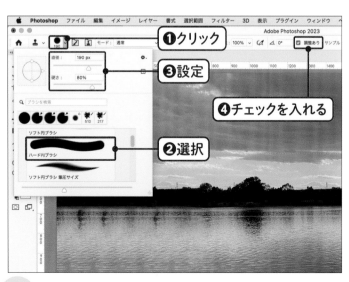

2 ツールの設定を変更する

オプションバーのブラシサイズのブラシサイズを変更するボタンをクリックし❶、[ハード円ブラシ]を選択して❷、ブラシの直径を「190」、硬さを「80%」に設定し❸、[調整あり]にチェックを入れます❹。

MEMO

[調整あり]にチェックを入れると、コピー元とコピー先の相対的な位置関係が維持される設定となり、長い領域をコピーするときなどにぴったりの挙動になります。

3 コピー元になる部分を指定する

図を参考に、画面中央の木が盛り上がっている部分にブラシの円を合わせ、option キー（Windowsでは Alt キー）を押しながらクリックします❶。クリックした領域がコピー元として指定されます。

4 木が少ない部分に木をコピーする

画面左側の木が少ない部分にマウスカーソルを移動し、水面の線が合うように気を付けながらクリックします❶。先ほどコピー元として指定した部分の木がコピーされます。

5 木がコピーされた

コピー元として指定した木の部分が、きれいにコピーされました。同じような作業を1〜2回繰り返して、森の部分が自然に見えるように調整してみましょう。

Lesson 04

写真の一部分を移動させよう

ここでは、写真の一部分を［コンテンツに応じた移動ツール］で選択し、移動します。通常の移動だと、移動させたあとの部分に穴が空きますが、その部分も自動的に補われるので非常に便利です。

練習ファイル 0704a.psd 完成ファイル 0704b.psd

1 ［オブジェクト選択ツール］で 水鳥と波紋を選択する

ツールパネルから［オブジェクト選択ツール］ ![icon] を クリックし❶、画面右側の水鳥と、その後ろに続く 波紋を囲むようにドラッグします❷。

2 選択範囲を拡張する

Photoshopによって自動的に作成された範囲を少し広げます。［選択範囲］メニュー→［選択範囲を変更］→［拡張］の順にクリックします❶。［選択範囲を拡張］ダイアログボックスが表示されるので、拡張量に「4」と入力し❷、［OK］ボタンをクリックします❸。

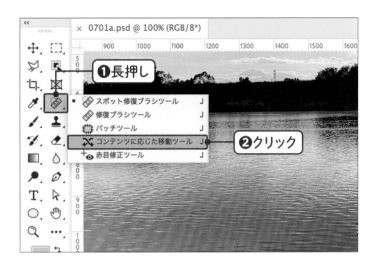

3 ［コンテンツに応じた移動ツール］をクリックする

選択範囲が少し大きくなりました。そのままの状態で、ツールパネルから［スポット修復ブラシツール］を長押しし❶、［コンテンツに応じた移動ツール］をクリックします❷。

4 オプションバーの設定を行う

オプションバーの設定を以下のようにします❶。

モード	移動
構造	7
カラー	5
ドロップ時に変形	チェックを入れない

5 水鳥を移動する

水鳥を左下の水面の色が濃い箇所にドラッグします❶。図を参考に移動したら、選択範囲の外側をクリックすると❷、移動が確定して元の場所が自動的に補われます。

Lesson 05
写真の一部分を
自然に暗くしよう

［焼き込みツール］を利用して、写真の一部を自然に暗くしてみましょう。ブラシで描くように操作するので、効果を及ぼす範囲を自由にコントロールすることができます。

練習ファイル 0705a.psd 完成ファイル 0705b.psd

❶長押し

覆い焼きツール O
焼き込みツール O ❷クリック
スポンジツール O

1 ［焼き込みツール］を クリックする

ツールパネルから［覆い焼きツール］🔍 を長押しし❶、［焼き込みツール］ ◎ をクリックします❷。

MEMO

［焼き込みツール］◎ は、ドラッグした部分の色を暗くするツールです。

❶設定

2 オプションバーの 設定を行う

オプションバーの設定を以下のようにします❶。

ブラシの直径	300px
範囲	シャドウ
露光量	10%
トーンを保護	チェックを入れる

148

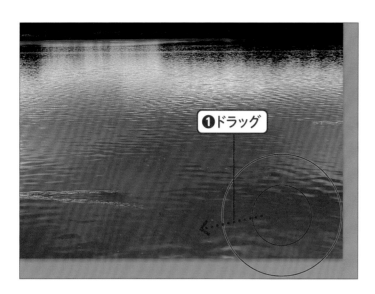

❶ドラッグ

③ 画面右下の水面を
少しずつ暗くしていく

[焼き込みツール] の設定が完了しました。図を参考に画面の右下の方を左下方向にドラッグすると❶、少しずつ暗くなっていきます。

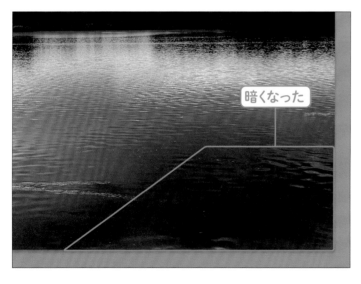

暗くなった

④ 画面右下の水面が
暗くなった

図と同じぐらいに暗くなれば、作業完了です。P.31を参考にしてファイルを保存します。

CHECK

［覆い焼きツール］と［焼き込みツール］のアイコン

［覆い焼きツール］と［焼き込みツール］のアイコンは、撮影したネガフィルムの画像を印画紙に焼き付けるときの道具や作業がモチーフになっています。印画紙を露光させるときに光を当てないようにする道具が［覆い焼きツール］のモチーフ、逆に一箇所だけ光を当てたいときに手の指で輪っかを作る様子が［焼き込みツール］のモチーフになっています。興味のある方は、Webブラウザで「暗室　プリント」などの用語で検索すると、道具の写真を見ることができるでしょう。

Lesson 06

完成した写真を
［CCライブラリ］に登録しよう

ここでは、完成した写真を［CCライブラリ］に登録し、Illustratorなど他のアドビ製品のドキュメントから呼び出して利用できるように設定および練習します。

練習ファイル 0706a.psd 完成ファイル 0706b.psd

1 ［CCライブラリ］パネルを取り外す

作業しやすくするため、［CCライブラリ］パネルのタブを左方向にドラッグし❶、パネルを取り外します。

2 「森と湖かふぇ」ライブラリをクリックする

［CCライブラリ］パネルが取り外された状態になりました。リストから、作成したライブラリ「森と湖かふぇ」をクリックします❶。

3 レイヤーをドラッグ＆ドロップする

ライブラリ「森と湖かふぇ」が選択されました。[レイヤー]パネル内の[背景]レイヤーを[CCライブラリ]パネル内にドラッグ＆ドロップします❶。

4 登録された名前を変更する

他のドキュメントで利用する際にわかりやすくなるよう、登録された名前を変更します。名前の部分をダブルクリックし❶、「森と湖の写真」と入力して変更します❷。これで、[CCライブラリ]パネル内に写真が登録されました。

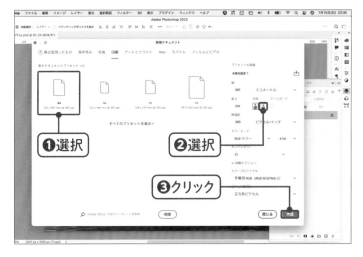

5 新規ドキュメントを作成する

登録された写真を新規ドキュメントに配置する練習を行います。[ファイル]メニュー→[新規]の順にクリックして[印刷]タブから[A4]サイズを選択し❶、[方向]は横位置 ![icon] を選択して❷、[作成]ボタンをクリックすると❸、新規ドキュメントが作成されます。

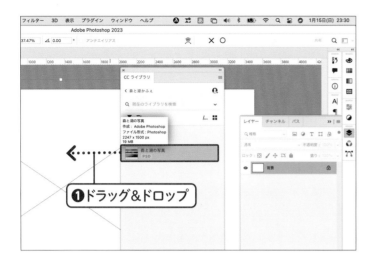

6 写真をドラッグ＆
ドロップする

［CCライブラリ］パネルに登録した「森と湖の写真」
を新規ドキュメント内にドラッグ＆ドロップします
❶。

MEMO

スマートオブジェクトに関するメッセージが表示された場合
は、［OK］ボタンをクリックします。

7 大きさを変更する

配置された写真の周りにバウンディングボックスが
表示されているので、 shift キーを押しながら右下
のハンドルをドラッグしてサイズを縮小します❶。

8 配置を確定する

サイズを縮小できたら、 return キー（Windowsで
は Enter キー）を押してサイズを確定します❶。こ
のように、［CCライブラリ］に登録した写真は、繰
り返し他のドキュメントで利用することが可能です。
配置の練習はこれで終わりなので、ドキュメントは
保存せずに閉じてください。

Chapter

8

写真を切り抜いて
合成しよう〜Photoshop

この章では、写真を切り抜いて別の写真に合成する方法を学びます。また、機械学習による被写体認識機能など、Photoshopの最新機能を使いこなす方法も知りましょう。

写真を切り抜いて合成しよう
〜Photoshop

完成イメージ

POINT 1　POINT 2　POINT 3　POINT 4

この章のポイント

POINT

1 自動で被写体を選択する機能を使う

 P.160

機械学習による被写体認識機能を利用し、自動的に写真内の主要な被写体を選択することができます。

POINT

2 選択範囲を詳細に修正する

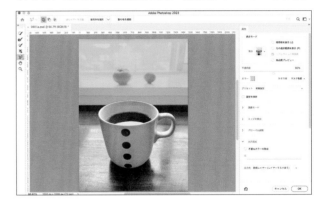 P.162

［選択とマスク］機能で、レイヤーマスクを利用して、自動選択で取りこぼした選択範囲を細かく調整することができます。

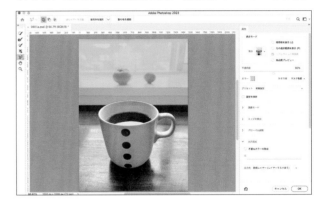

POINT

3 ファイルをまたいでレイヤーを複製する

 P.166

あるドキュメント内のレイヤーを、別のドキュメント内で複製することで写真の合成が行えます。

POINT

4 ［描画モード］で2枚のレイヤーを合成する

 P.166

［描画モード］を利用すると、2枚のレイヤーの合成結果をコントロールすることができます。

Lesson 01

写真の傾きを修整しよう

写真を撮るときに慌ててしまい、あとで見ると傾いていることがあるでしょう。そのようなときは、［切り抜きツール］を使って写真の角度を計測し、修整することができます。

練習ファイル 0801a.psd 完成ファイル 0801b.psd

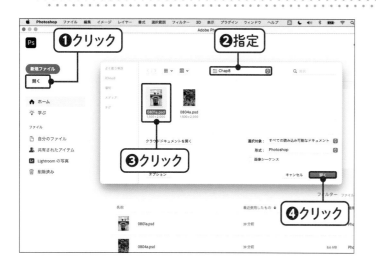

1 素材写真を開く

まずは素材写真のファイルを開きます。P.14を参考にPhotoshopを起動し、スタート画面の［開く］ボタンをクリックします❶。練習ファイルのある［Chap08］フォルダを指定し❷、［0801a.psd］を選択して❸、［開く］ボタンをクリックします❹。

2 角度を計測できるようにする

写真［0801a.psd］が開きました。ツールパネルから［切り抜きツール］ をクリックし❶、オプションバーの［角度補正］のアイコン をクリックして❷、有効の状態にします。

3 ドラッグして角度を計測する

白い台の縁の左側から右方向にドラッグします❶。糸のようなものがついて表示されるので、縁に沿わせるようにして右側でマウスから指を離します❷。

4 オプションを指定して確定する

Photoshopが角度を計測し、写真が水平になるように回転します。オプションバーの［切り抜いたピクセルを削除］と［コンテンツに応じる］にチェックを入れ❶、return キー（Windowsでは Enter キー）を押して確定します❷。

5 写真の傾きが修整された

写真の傾きが修整されました。画像の回転により四隅に生じた小さな隙間は、Photoshopによって自動的に補われます。

> **MEMO**
>
> 画像の回転により生じた小さな隙間が自動的に補われたのは、［コンテンツに応じる］機能の働きです。

157

Lesson 02

写真の一部を自然に明るくしよう

第7章では、[焼き込みツール] で写真の一部を暗くする方法を紹介しましたが、ここでは逆に [覆い焼きツール] で写真の一部を明るくする方法を学びます。

練習ファイル　0802a.psd　　完成ファイル　0802b.psd

1 ［覆い焼きツール］をクリックする

ツールパネルから [覆い焼きツール] をクリックします❶。

MEMO

第7章から[焼き込みツール]◎を選択したままになっている場合は、長押しして[覆い焼きツール]🔍を選択しましょう。

2 オプションバーの設定を行う

オプションバーの設定を以下のようにします❶。

ブラシの種類	ソフト円ブラシを選択
直径	300px
範囲	シャドウ
露光量	50%
トーンを保護	チェックを入れる

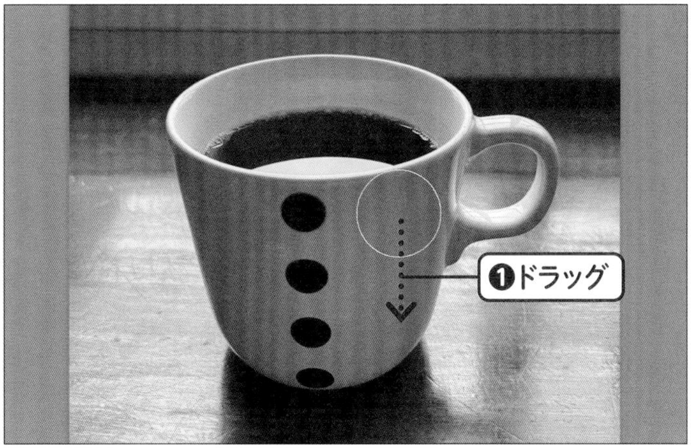

3 マグカップの前面を少しずつ明るくする

その状態で、マグカップの前面をドラッグすると❶、少しずつ明るくなります。

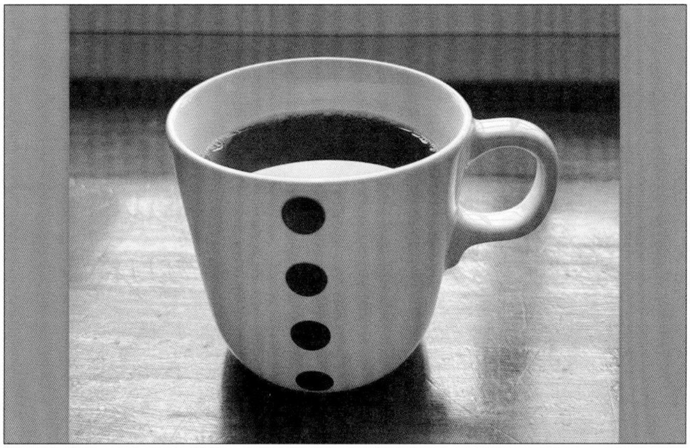

4 マグカップが明るくなった

図と同じぐらいに明るくなれば、作業完了です。

CHECK

[覆い焼きツール]や[焼き込みツール]を使うときには露光量を下げておく

[覆い焼きツール]は、第7章で練習した[焼き込みツール]と逆の働きをするツールで、設定方法のしくみはとても似ています。どちらも「露光量」を100%にしてしまうと明るさ（暗さ）が急激に変化してしまうので、数値を下げて使用すると、少しずつ様子を見ながら調子を変えていくことができます。

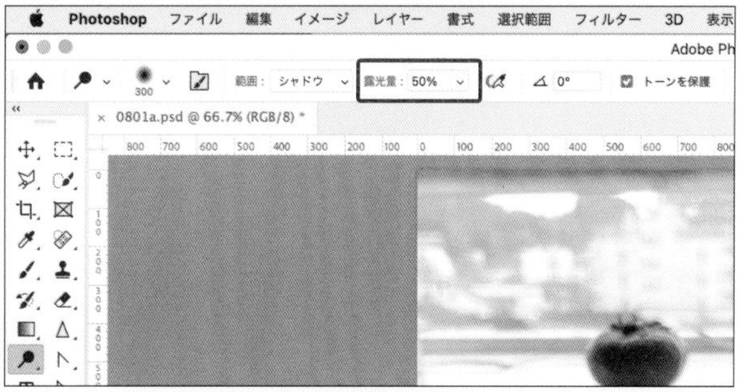

Lesson 03

写真内の被写体を
自動で選択しよう

ここでは、［オブジェクト選択ツール］を第7章とは異なる方法で使い、Photoshopの機械学習による高度な画像認識と選択手法を試してみましょう。

練習ファイル 0803a.psd　完成ファイル 0803b.psd

1 ［オブジェクト選択ツール］をクリックする

ツールパネルから［オブジェクト選択ツール］ を
クリックします❶。

> **MEMO**
>
> お使いのパソコンがPhotoshopの必要システム構成を満たしていない場合、Lesson 03〜04のマスクが表示されないことがあります。その場合は、Lesson 03〜04は飛ばして、Lesson 05からサンプルファイルを使用して進めてください。

2 ［オブジェクトファインダー］にチェックを入れる

オプションバー上に［オブジェクトファインダー］が
表示されるので、クリックしてチェックを入れます❶。
［オブジェクトファインダーの更新］ボタン が白く
回転している間は、Photoshopが画像内の被写体
を検出しています。

③ すべてのオブジェクトを表示する

ボタンの回転が終わり、写真内の被写体の検出が終わったら、右横の [すべてのオブジェクトを表示] ボタン ▦ をクリックします❶。

④ マグカップの上をクリックする

Photoshopが検出した被写体部分にピンク色のマスクが表示されます。この状態で、マグカップをクリックします❶。Photoshopが自動的に検出したマグカップの領域が選択されます。

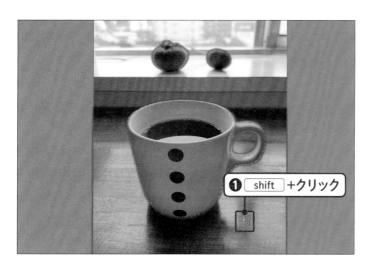

⑤ 追加でテーブルを選択する

続いて、shift キーを押しながらテーブルをクリックします❶。これにより、マグカップとテーブルの領域が大まかに選択されます。細かい補正は次のLessonで行います。

Lesson 04

選択範囲を修正して
画像を切り抜こう

Lesson 03で作成した選択範囲を［選択とマスク］ワークスペースを使ってより精度を上げ、マグカップとテーブルの画像を切り抜きます。必ずLesson 03から続けて操作してください。

練習ファイル　なし（Lesson 03から続けて操作）　完成ファイル　0804b.psd

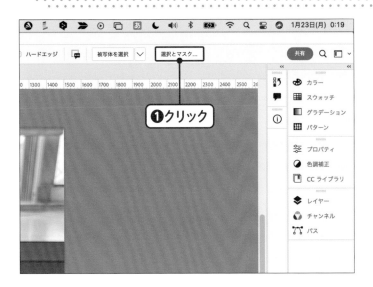

1 ［選択とマスク］ボタンをクリックする

Lesson 03からの続きです。マグカップとテーブルがざっくりとしか選択されていないので、調整していきます。オプションバーの［選択とマスク］ボタンをクリックします❶。

> **MEMO**
>
> ［選択とマスク］ボタンが表示されていない場合は、ツールパネルで［クイック選択ツール］ をクリックすると表示されます。

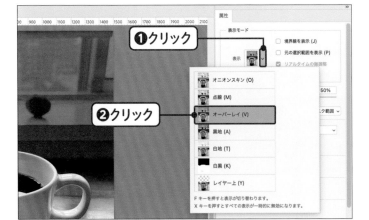

2 ［表示モード］を［オーバーレイ］にする

［選択とマスク］ワークスペースに入りました。右側の［属性］パネルの最上部にある［表示モード］内の［表示］ドロップダウンメニューをクリックして開き❶、表示されるメニューで［オーバーレイ］をクリックします❷。何もない箇所をクリックしてドロップダウンメニューを閉じます。

3 詳細を設定する

[不透明度] に「50%」と入力し❶、[カラー] の色のついた四角形をクリックして❷、表示される [カラーピッカー] ダイアログボックスの [#] に半角で「00ff33」と入力します❸。[OK] ボタンをクリックしたら❹、[示す内容] を [マスク範囲] に設定します❺。

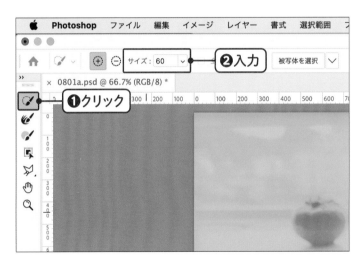

4 [クイック選択ツール] を選択してサイズを設定する

マスクされる領域（Lesson 03で選択した範囲以外の領域）が黄緑色になりました。ツールパネルの一番上にある [クイック選択ツール] をクリックし❶、[サイズ] に半角数字で「60」と入力します❷。

(MEMO)

[選択とマスク] 用の特別な画面に変化しているので、ツールパネルの内容が通常の画面とはと変わっています。

5 不要な部分をドラッグする

マグカップの周囲に不要なマスク範囲（黄緑色の部分）が残っているので、見落としがないようにドラッグして消していきます❶。

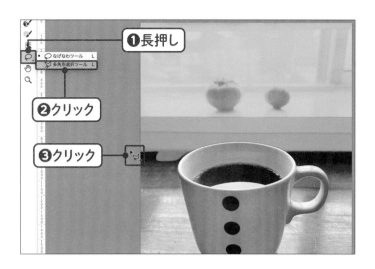

6　［多角形選択ツール］を クリックする

ツールパネルから［なげなわツール］ 🔾 を長押しし ❶、表示されるメニューで［多角形選択ツール］ 🖾 をクリックします ❷。写真の左外側の領域で机上部 のラインの延長線上にあたる部分をクリックします ❸。

> **MEMO**
>
> ［多角形選択ツール］🖾は、クリックして直線をつないでい き、選択範囲を作成するツールです。

7　写真の右側の領域で クリックする

続いて、写真の右外側の領域で、机上部のライン の延長線上にあたる部分をクリックします ❶。

8　つながれた線が 机上部と合う

手順 ⑥ と手順 ⑦ のクリックでつながれた線が机上 部のラインとぴったり合っているか確認します ❶。

9 線をつないで 四角形にする

続いて、図を参考に机上部のラインの右下をクリックし❶、左下をクリックします❷。最後に1度目にクリックした位置をクリックして❸、四角形を作ります。この四角形内のマスク範囲が削除されます。

MEMO

図と同じようにマウスカーソルの右下に「○」が表示されると、四角形を完全に閉じることができます。

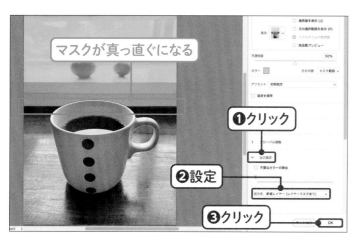

10 出力先を設定する

マスク範囲の一部が削除され、マスクが真っ直ぐになりました。[出力設定]をクリックし❶、[出力先]を[新規レイヤー(レイヤーマスクあり)]に設定して❷、[OK]ボタンをクリックします❸。

11 マグカップとテーブルが 切り抜かれた

マグカップとテーブルがきれいに切り抜かれた状態になりました。[レイヤー]パネルを見ると、[背景のコピー]という名前で、レイヤーマスク付きのレイヤーが新規に作成されていることがわかります。

MEMO

[選択とマスク]ワークスペースは、Photoshopが自動的に作成した大まかな選択範囲を細かく修正するために使われる機能です。

Lesson 05

切り抜いた画像を
別の写真に合成しよう

ここでは、Lesson 04で切り抜いた画像を背景写真に合成する方法を解説します。マグカップの画像がうまく切り抜けていない場合は、サンプルファイルの[0804b.psd]を使用してください。

練習ファイル 0805a.psd　　完成ファイル 0805b.psd

1 背景写真を開く

Lesson 04からの作業の続きです。背景になる写真を開きます。[ファイル]メニュー→[開く]の順にクリックし❶、[Chap08]フォルダを指定し❷、[0805a.psd]をクリックして❸、[開く]ボタンをクリックします❹。

2 背景写真を開く

背景写真[0805a.psd]が開きました。画面上部のファイル名のタブ（ここでは[0801a.psd]）をクリックして❶、マグカップの画像を表示します。[レイヤー]パネルが閉じている場合はアイコンまたはタブをクリックして❷、パネルを表示します。

③ ［背景のコピー］レイヤーを複製する

［レイヤー］パネルが開きました。［背景のコピー］レイヤーを右クリックし❶、コンテキストメニューから［レイヤーを複製］をクリックします❷。

> **MEMO**
>
> Macでは、右クリックのほか control キーを押しながらクリックすることでもコンテキストメニューが表示されます。

写真を切り抜いて合成しよう〜Photoshop

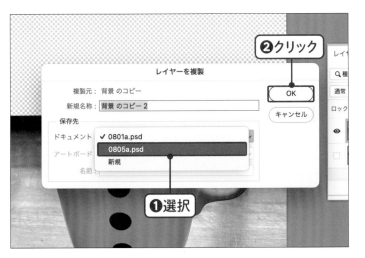

④ 保存先を選択する

［レイヤーを複製］ダイアログボックスが表示されました。［保存先］の［ドキュメント］のドロップダウンメニューから［0805a.psd］（先ほど開いた背景写真）をクリックし❶、［OK］ボタンをクリックします❷。

⑤ 背景写真にマグカップが合成された

画面上部のファイル名［0805a.psd］のタブをクリックします❶。背景写真［0805a.psd］が表示され、切り抜かれたマグカップの写真が合成されていることがわかります。また、［レイヤー］パネルを見ると、レイヤーがファイル間で複製されています。

167

Lesson 06

レイヤーを色で塗りつぶそう

ここでは、Lesson 05 で合成した写真に新しいレイヤーを増やし、1色に塗りつぶす方法を学びます。
これは、次のLessonでテーブルの色を変更するための下準備です。

練習ファイル 0806a.psd 完成ファイル 0806b.psd

1 新規レイヤーを作成する

Lesson 05 からの作業の続きです。[レイヤー] パ
ネルが開かれている状態で、図を参考に [新規レイ
ヤーを作成] ボタン をクリックします❶。

2 塗りつぶしに利用する色を設定する

[レイヤー 1] が作成されました。図を参考にツール
パネル下部の [描画色] ボックスをダブルクリックし
❶、表示される [カラーピッカー] ダイアログボック
スの [#] に半角で「402222」と入力して❷、[OK]
ボタンをクリックします❸。

3 ［塗りつぶし］を
クリックする

描画色が茶色（#402222）になりました。［編集］
メニュー→［塗りつぶし］の順にクリックします❶。

4 ［塗りつぶし］の詳細を
設定する

［塗りつぶし］ダイアログボックスが表示されました。
［内容］のドロップダウンメニューから［描画色］をク
リックし❶、［OK］ボタンをクリックします❷。

5 ［レイヤー1］が
茶色に塗りつぶされた

［レイヤー1］が茶色に塗りつぶされました。一時的
に下のレイヤーが見えなくなってしまいますが、次
のLessonで解消されますので心配ありません。

Lesson 07

写真内の特定の部分の 色を変えよう

ここでは、第6章とは異なる方法でテーブルの色を変更する方法を学びます。

練習ファイル 0807a.psd 完成ファイル 0807b.psd

1 [レイヤー1]を 非表示にする

Lesson 06からの作業の続きです。[レイヤー1]の [表示／非表示]ボタン 👁 をクリックして非表示に し❶、[背景のコピー]レイヤーをクリックします❷。

2 [クイック選択ツール]で テーブルの部分を選択する

ツールパネルから[クイック選択ツール] 🖌 をクリックし❶、テーブルをすべて選択するようにドラッグします❷。マグカップの取っ手の内側部分は、shift キーを押しながらドラッグします❸。

MEMO

[クイック選択ツール]🖌 の使い方が分からない場合は、P.129を参考にしてください。

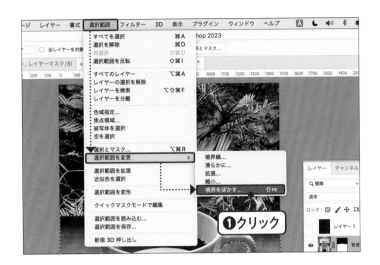

3 選択範囲を変更する

テーブルの部分が選択されました。そのままだと選択範囲の境界線がはっきりしすぎなので、少しぼかします。[選択範囲]メニュー→[選択範囲を変更]→[境界をぼかす]の順にクリックします❶。

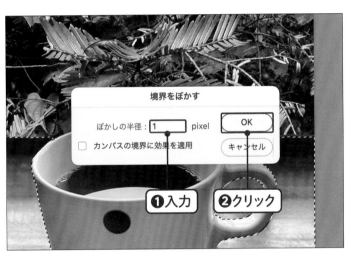

4 [ぼかしの半径]を設定する

[境界をぼかす]ダイアログボックスが表示されました。[ぼかしの半径]の数値を、半角数字で「1」と入力し❶、[OK]ボタンをクリックします❷。

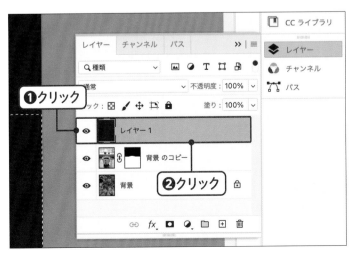

5 [レイヤー1]を表示して選択する

選択範囲の境界線が少しぼかされました。[レイヤー]パネルを表示し、[レイヤー1]の[表示/非表示]ボタン 👁 をクリックして表示させます❶。茶色に塗りつぶされたレイヤーが表示されるので、レイヤー名をクリックします❷。

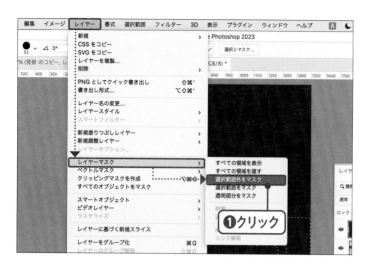
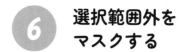

6 選択範囲外を マスクする

[レイヤー] メニュー→ [レイヤーマスク] → [選択範囲外をマスク] の順にクリックします❶。

7 描画モードを変更する

選択範囲外がマスクされ、テーブルの部分だけに茶色が表示される状態になりました。[レイヤー] パネルの [通常] と書いてある部分をクリックし❶、ドロップダウンメニューから [オーバーレイ] をクリックします❷。

8 テーブルの色が変わった

茶色の [レイヤー1] と、その下にある [背景のコピー] レイヤーの合成方法が変更され、テーブルの木の色が濃くなりました。P.31を参考にしてファイルを保存します。

Chapter

9

制作したパーツをレイアウトしよう
〜Illustrator&Photoshop

この章は、これまでの総仕上げです。Illustratorを使ってカフェ
のメニューのレイアウト枠を作り、これまでに制作したロゴタイ
プとマークとイラスト、Photoshopで編集した写真をレイアウト
していきます。

制作したパーツをレイアウトしよう
〜Illustrator&Photoshop

完成イメージ

POINT
1

POINT
2

POINT
3

POINT
4

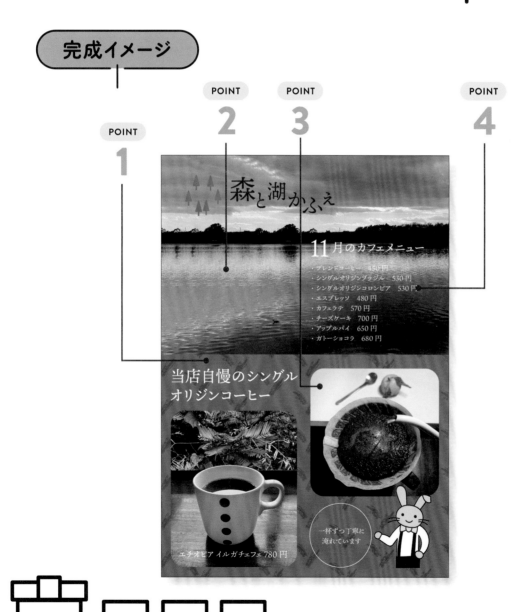

POINT 1 パターン（繰り返し模様）を作成する ➡ P.182

Illustratorを使って「パターン」と呼ばれる繰り返し模様を作成し、図形を塗りつぶすことができます。

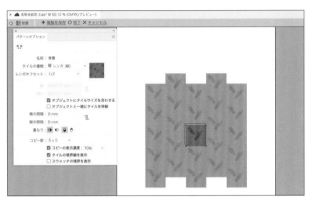

POINT 2 Photoshopで編集した写真をIllustratorのドキュメントに配置する ➡ P.186

Photoshopで編集した写真をIllustratorのドキュメント上に正確な大きさを指定して配置することができます。

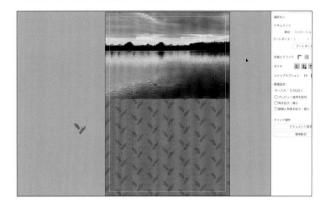

POINT 3 配置した写真を自由な形の枠でマスクする ➡ P.192

ドキュメント上に配置した写真は、自由な大きさと形の枠を使ってマスクすることができます。

POINT 4 文字を入力して配置する ➡ P.198

あらかじめ用意されたテキストをコピーし、Illustrator上で入力して、大きさや色を変えて配置することができます。

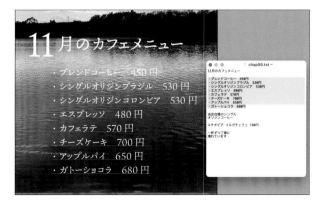

Lesson 01

A4サイズの
レイアウト枠を作ろう

まずは、カフェのメニューのレイアウト枠を用意します。ここでは、Illustratorの［長方形ツール］
を利用して、正確なA4サイズ（幅210mm×高さ297mm）のレイアウト枠を作成します。

練習ファイル （なし） 完成ファイル 0901b.ai

1 A4サイズの新規 ドキュメントを作成する

P.14を参考にIllustratorを起動します。スタート
画面の［新規作成］ボタンをクリックし❶、［新規ド
キュメント］ダイアログボックスで［印刷］タブの
［A4］をクリックし❷、［方向］を「縦位置」 、［裁
ち落とし］をすべて0mmに設定して❸、［作成］ボ
タンをクリックします❹。

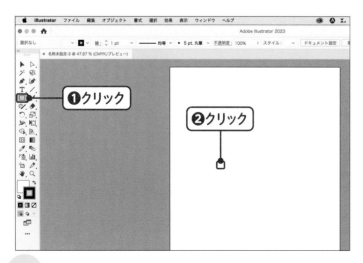

2 ［長方形ツール］でアート ボード上をクリックする

A4サイズのアートボードができました。ツールパネ
ルから［長方形ツール］ をクリックし❶、アート
ボードの中央あたりをクリックします❷。

```
MEMO
```
正確なサイズを指定して長方形を描く場合には、ドラッグ
ではなくクリックします。

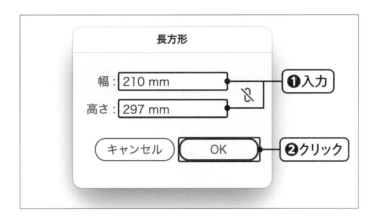

③ 幅と高さの数値を入力する

[長方形]ダイアログボックスが表示されます。半角数字で[幅]に「210」、[高さ]に「297」と入力し❶、[OK]ボタンをクリックします❷。単位の「mm」は、Illustratorが自動的に補ってくれます。

④ 長方形を正確な位置に配置する

幅210mm、高さ297mmの長方形が描かれました。[選択ツール] をクリックし❶、長方形をクリックして❷、[プロパティ]パネルのアイコン またはタブをクリックして開きます❸。[変形]のセクションで、左の表のように位置を設定します❹。

MEMO

基準点は9つ並んだ正方形の左上をクリックします。XとYはアートボードの基準点を基点とした座標です。ここでは基準点を左上に設定しているので、アートボードの左上に図形が揃います。

基準点	左上
X	0（半角数字）
Y	0（半角数字）

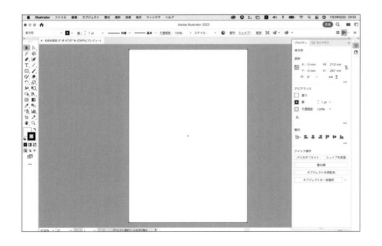

⑤ A4サイズのレイアウト枠が用意できた

アートボードと同じ大きさの、A4サイズのレイアウト枠が用意できました。

MEMO

ここで作成した長方形がカフェのメニューのレイアウト枠となります。

Lesson 02
レイアウト枠内にガイドを作成しよう

ここでは、Lesson 01で作成したレイアウト枠の7mm内側に別の長方形を作成し、それをガイド（レイアウトの補助線）に変換する方法を練習してみましょう。

練習ファイル 0902a.ai 　完成ファイル 0902b.ai

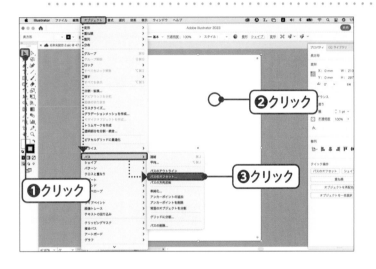

1 パスのオフセットを選択する

［選択ツール］ ▶ をクリックし❶、レイアウト枠の長方形をクリックして❷、［オブジェクト］メニュー→［パス］→［パスのオフセット］の順にクリックします❸。

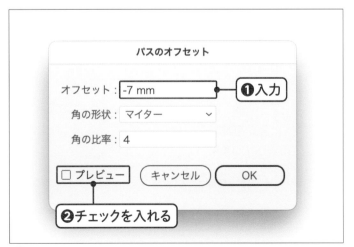

2 オフセットを7mm内側に指定する

［パスのオフセット］ダイアログボックスが表示されました。［オフセット］入力欄に「-7」と入力し❶、左下の［プレビュー］にチェックを入れます❷。

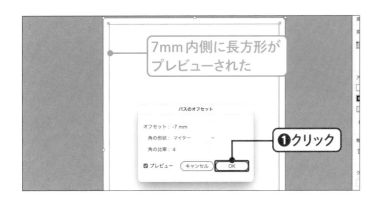

「7mm内側に長方形が
プレビューされた」

パスのオフセット

オフセット： -7 mm
角の形状： マイター
角の比率： 4

☑ プレビュー　（キャンセル）（OK）

❶クリック

③ プレビューを確認して 確定する

元の長方形より7mm内側に長方形がプレビューされます。[OK]ボタンをクリックします❶。

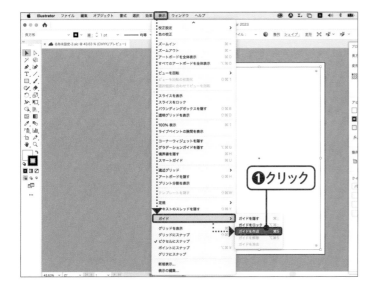

❶クリック

④ 作成された長方形を ガイドに変換する

元の長方形より7mm内側に長方形が作成されました。作成された長方形が選択されたままの状態で、[表示]メニュー→[ガイド]→[ガイドを作成]の順にクリックします❶。

MEMO

ガイドはレイアウトの補助として使うために表示される線で、印刷や画像書き出しをする際には反映されません。

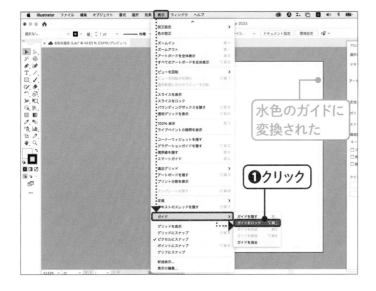

「水色のガイドに
変換された」

❶クリック

⑤ ガイドをロックする

長方形が水色の線になりました。これがガイドです。デフォルトでは、ガイドはロックされていません。ロックされていない場合は、[表示]メニュー→[ガイド]→[ガイドをロック]の順にクリックして❶、ガイドを固定します。

MEMO

ここで作成したガイドは、後ほど写真や文字の位置を調整する際に利用します。

Lesson 03
［ブラシツール］で 模様を描こう

ここでは、Illustratorの［ブラシツール］を利用して、カフェのメニューの背景に入れる模様（2本の 短い線）を描きます。

練習ファイル 0903a.ai　完成ファイル 0903b.ai

1 ［ブラシ］パネルを 表示する

ツールパネルから［ブラシツール］ 🖌 をクリックし ❶、画面右側の［ブラシ］パネルのアイコン 🎋 をク リックしてパネルを表示します ❷。

> **MEMO**
>
> ［ブラシ］パネルのアイコンが見つからないなど、パネル の表示が変わってしまった場合は、P.29のCHECKを参 考に画面を初期状態に戻してください。

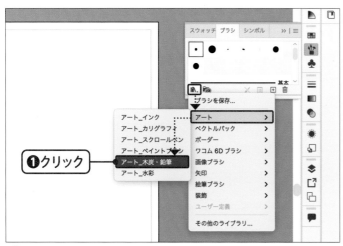

2 ［アート＿木炭・鉛筆］の ライブラリを開く

パネル左下の［ブラシライブラリメニュー］ 📖 → ［アート］→［アート＿木炭・鉛筆］の順にクリックし ます ❶。

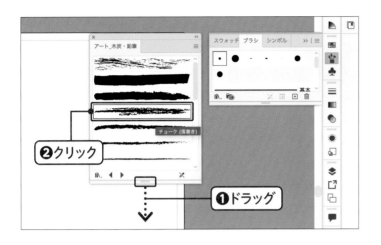

3 ［チョーク（落書き）］をクリックする

[アート_木炭鉛筆]のパネルが表示されました。パネルの下辺を下方向にドラッグして伸ばし❶、上から4番目の[チョーク（落書き）]をクリックします❷。

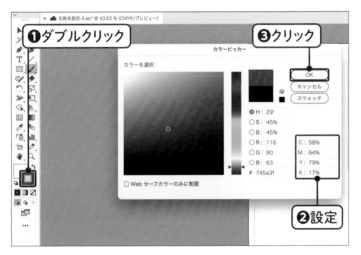

4 ［線］の色を変更する

ブラシで利用する色を設定します。ツールパネル下部の[線]をダブルクリックし❶、以下のように色を設定して❷、[OK]ボタンをクリックします❸。

C	58%
M	64%
Y	79%
K	17%

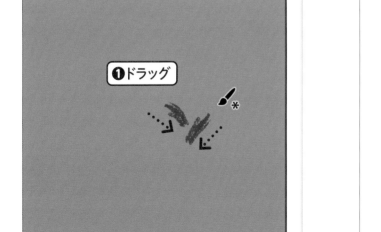

5 アートボードの外側に短い線を2本描く

線の色が設定できました。アートボードの外側に、図を参考に斜めの短い線を2本ドラッグして描きます❶。

> **MEMO**
>
> ここで描いた線はパターン（繰り返し模様）のパーツとして利用するだけで、実際のレイアウトの中では使用しません。そのため、アートボードの外側に描きました。

Lesson 04
模様からパターンを
作成しよう

引き続きIllustratorで、Lesson 03で描いたブラシの線を元に、カフェのメニューの背景を塗りつぶすパターン（繰り返し模様）を制作します。

練習ファイル 0904a.ai　完成ファイル 0904b.ai

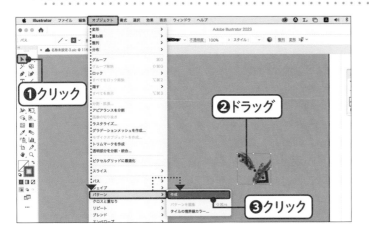

1 ブラシで描いた線でパターンを作成する

[選択ツール] ▶ をクリックし❶、Lesson 03で描いた2本の線を囲むようにドラッグして選択します❷。そのまま、[オブジェクト] メニュー→[パターン] → [作成] の順にクリックします❸。

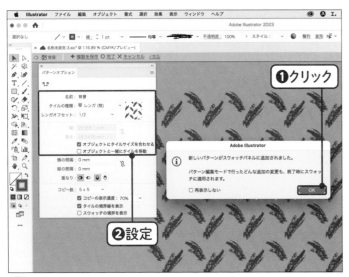

2 パターンの詳細を設定する

パターン作成画面が開き、アラートが表示されます。[OK] ボタンをクリックし❶、[パターンオプション] パネルの詳細を以下のように設定します❷。それ以外の項目はそのままで大丈夫です。

名前	背景
タイルの種類	レンガ（縦）
レンガオフセット	1/2
オブジェクトにタイルサイズを合わせる	チェックを入れる

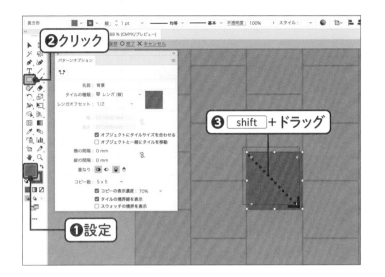

③ ［塗り］の色を設定して正方形を描く

［塗り］の色を「C52%、M56%、Y67%、K3%」に設定します❶。［長方形ツール］ ▢ をクリックし❷、中央のブラシ模様より二回り大きな正方形を shift キーを押しながらドラッグして描きます❸。

MEMO

塗りの色設定方法が分からない場合は、P.54を参考にしてください。

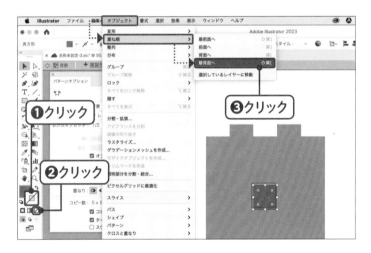

④ 正方形の重ね順を変更する

カフェオレ色の正方形が描かれました。正方形が選択されたままの状態で、［線］をクリックして❶、［なし］ ▢ をクリックし❷、［オブジェクト］メニュー→［重ね順］→［最背面へ］の順にクリックします❸。

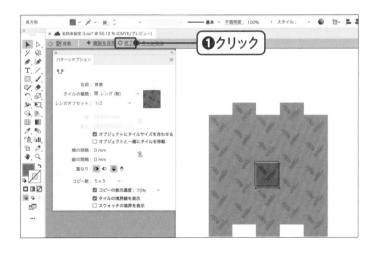

⑤ ［完了］をクリックする

ブラシで描いた模様の背面に正方形が移動しました。画面上部の［完了］をクリックすると❶、パターンの作成が終了します。

MEMO

ここで作成したパターンは、次のLessonで塗りつぶしに利用します。

Lesson 05

作成したパターンで
背景を塗りつぶそう

ここでは、Lesson 04で作成したパターンを使って、カフェのメニューの背景を塗りつぶす方法を
学びます。

練習ファイル 0905a.ai 　完成ファイル 0905b.ai

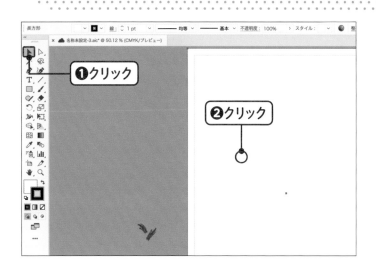

1 レイアウト枠を選択する

[選択ツール] ▶ をクリックし❶、Lesson 01で
描いたレイアウト枠（A4サイズの長方形）の中央あ
たりをクリックします❷。

> **MEMO**
>
> 長方形をずらしてしまわないように、真下に向かって短くク
> リアにマウスをクリックしてください。マウスを少しでも横
> に動かすと、長方形の位置がずれることがあります。

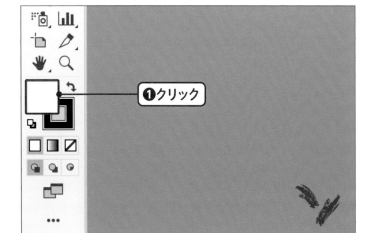

2 ［塗り］を
アクティブにする

レイアウト枠が選択されました。[塗り] にパターン
を反映させるため、ツールパネルの [塗り] をクリッ
クして❶、ボックスをアクティブな状態（手前に出て
いる有効な状態）にします。

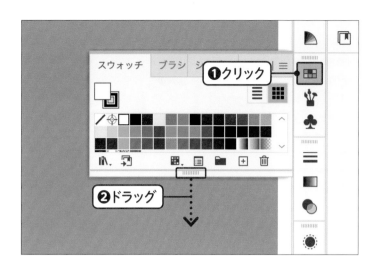

③ ［スウォッチ］パネルを表示する

画面右側にある［スウォッチ］パネルのアイコン 🔳
をクリックしてパネルを表示し❶、パネル下部を下
方向にドラッグして少し広げます❷。

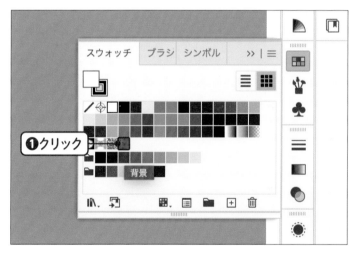

④ 作成したパターンをクリックする

［スウォッチ］パネルが表示され、内容がすべて見え
る状態になりました。上から4行目の一番右側に、
Lesson 04で作成したパターン［背景］が保存され
ているのでクリックします❶。

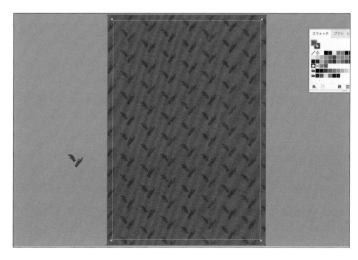

⑤ レイアウト枠がパターンで塗りつぶされた

レイアウト枠が、作成したパターンで塗りつぶされ
ました。これで、カフェのメニューの背景が作成で
きました。

Lesson 06

メインの写真を配置しよう

ここでは、カフェのメニューのメインとなる写真をレイアウト枠に配置します。Photoshopで編集して
［CCライブラリ］に保存した写真を、Illustratorのドキュメントに配置する方法を解説します。

練習ファイル 0906a.ai 完成ファイル 0906b.ai

1 ［CCライブラリ］パネルを表示する

画面右側にある［CCライブラリ］パネルのアイコン
⬚ またはタブをクリックしてパネルを表示し❶、
リストから［森と湖かふぇ］をクリックします❷。

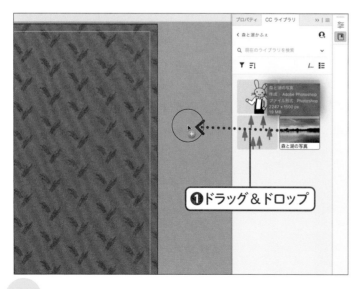

2 写真をドラッグ＆ドロップする

［森と湖かふぇ］ライブラリが開きました。第7章で
制作して登録しておいた「森と湖の写真」をパネルか
らアートボードにドラッグ＆ドロップします❶。

> **MEMO**
>
> 「森と湖の写真」を制作していない方は、練習ファイルの
> ［Chap09］フォルダに［07-finished.psd］を用意してある
> ので、P.84を参考にしてPhotoshopから［CCライブラリ］
> に登録してください。

③ ドラッグして配置する

「森と湖の写真」のサムネイルが表示された状態で、アートボードの横幅いっぱいになるように、左上から右下にかけてドラッグします❶。

> **MEMO**
>
> 次の手順で正確なサイズに調整するので、多少ずれていても問題ありません。

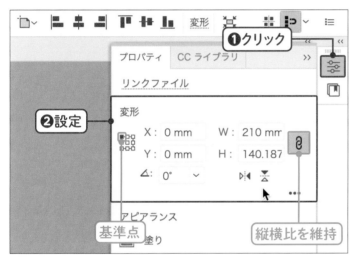

④ ［プロパティ］パネルでサイズと位置を設定する

写真が配置されました。写真が選択されたまま［プロパティ］パネルのアイコン または タブをクリックしてパネルを表示し❶、以下のように設定します❷。

基準点	左上
X,Y	ともに0
縦横比を維持	アイコンの鎖がつながった状態 （縦横比を維持する設定）
W	210（Hは自動で設定）

⑤ 写真が正確なサイズと位置で配置された

メインの写真が正確なサイズと位置で配置されました。

> **MEMO**
>
> この作例ではカラーモードCMYKで作成したIllustratorデータに、カラーモードRGBで作成したPhotoshopデータを配置しました。印刷用データ作成時には、PhotoshopのデータもCMYKで作成する必要があるのでご注意ください。

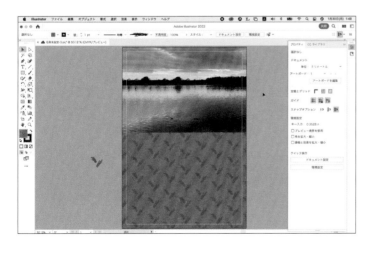

Lesson 07
サブの写真を配置する枠を作成しよう

ここでは、Illustratorでカフェのメニューの下半分にレイアウトするサブ写真を入れる枠を正確なサイズで描いていきます。

練習ファイル 0907a.ai 完成ファイル 0907b.ai

1 [長方形ツール] でアートボード上をクリックする

ツールパネルから [長方形ツール] ▢ をクリックし❶、[塗り] を「C0% M0% Y0% K100%」、[線] を [なし] ▱ に設定して❷、アートボードの下半分あたりでクリックします❸。

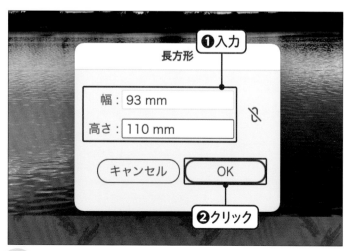

2 幅と高さを入力する

[長方形] ダイアログボックスが表示されました。[幅] に「93」、[高さ] に「110」と入力し❶、[OK] ボタンをクリックします❷。

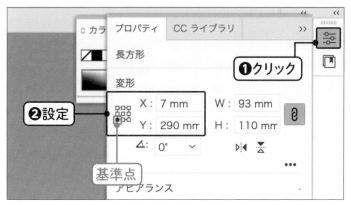

基準点	左下
X	7
Y	290

3 [プロパティ] パネルで 基準点と位置を指定する

指定したサイズで長方形が描かれました。[プロパティ]パネルのアイコン ⚙ またはタブをクリックしてパネルを表示し❶、左の表のように設定します❷。

> **MEMO**
>
> 長方形の左下の角の位置をA4サイズのレイアウトの左から7mm、下から7mmの位置に設定しました（A4サイズの高さは297mmなので7mmマイナスで290mmになります）。

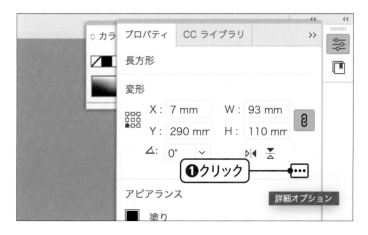

4 [詳細オプション] を 表示する

長方形の位置が正確に設定されました。長方形が選択された状態のまま、[プロパティ]パネルの[変形]セクション右下にある[詳細オプション] ••• をクリックします❶。

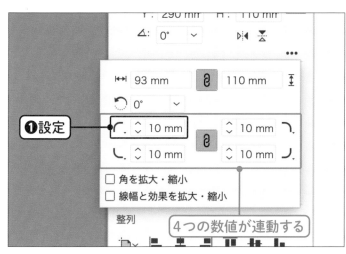

5 角丸のサイズを指定する

[詳細オプション]が表示されました。図を参考に[角丸の半径]を10mmに設定します❶。

> **MEMO**
>
> 中央のアイコンの鎖がつながった状態になっているので、4つの角がリンクしてすべて同じ数字になります。同じにならない場合は、4つの角すべてを10mmに設定してください。

189

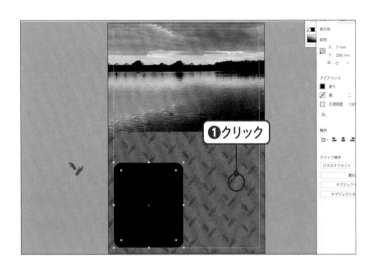

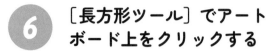

6 ［長方形ツール］でアートボード上をクリックする

4つの角丸の数値が10mmになりました。次の長方形を描くため、再度［長方形ツール］□ が選択された状態でアートボード上をクリックします❶。

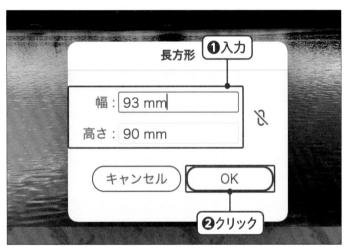

7 幅と高さを入力する

［長方形］ダイアログボックスが表示されました。［幅］に「93」、［高さ］に「90」と入力し❶、［OK］ボタンをクリックします❷。

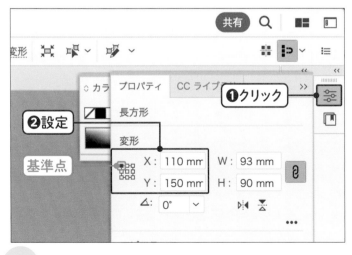

8 ［プロパティ］パネルで基準点と位置を指定する

指定したサイズで長方形が描かれました。［プロパティ］パネルのアイコン ⚙ またはタブをクリックしてパネルを表示し❶、以下のように設定します❷。

基準点	左上
X	110
Y	150

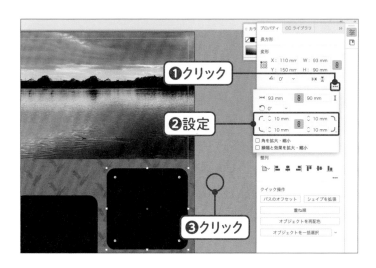

❶クリック
❷設定
❸クリック

⑨ 角丸のサイズを指定する

長方形の位置が正確に設定されました。[プロパ
ティ]パネルの[詳細オプション]をクリックし❶、[角
丸の半径]を10mmに設定します❷。[選択ツール]
▶ で何もない箇所をクリックし❸、2つ目の長方
形の選択を解除します。

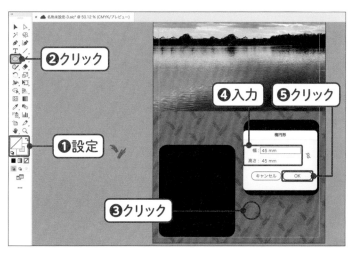

❷クリック
❹入力 ❺クリック
❶設定
❸クリック

⑩ [楕円形ツール]で 正円を1つ描く

最後に正円を描きます。[塗り]を[なし]▨、[線]
を「C0% M0% Y0% K0%」に設定し❶、[楕円
形ツール]◯ をクリックして❷、アートボード上を
クリックします❸。表示されるダイアログボックス
で幅と高さ両方に「45」と入力し❹、[OK]ボタン
をクリックします❺。

❶調整する

⑪ 枠の用意ができた

白い線の正円が描かれました。図とだいたい同じ位
置になるように、[選択ツール]▶ を使って正円を
ドラッグして調整します❶。

MEMO

この正円は塗りがないオブジェクトなので、線の真上をク
リックしないと選択できないことに注意しましょう。

制作したパーツをレイアウトしよう～Illustrator&Photoshop

191

Lesson 08
サブの写真を枠内に
収まるように配置しよう

ここでは、Illustratorでカフェのメニューにサブの写真を配置し、Lesson 07で作成した黒い枠で
マスクする方法を学びます。

練習ファイル 0908a.ai　　完成ファイル 0908b.ai

1 [ファイル] メニューから [配置] をクリックする

[ファイル] メニュー→ [配置] の順にクリックします
❶。

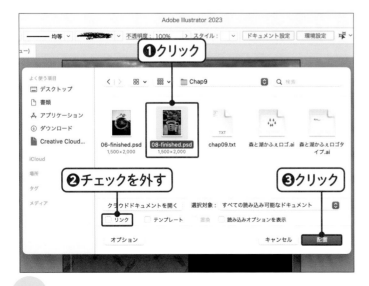

2 第8章で制作した写真を 選択する

ファイル選択のダイアログボックスが表示されます。
第8章で制作した写真をクリックし❶、[リンク]の
チェックを外して❷、[配置]ボタンをクリックしま
す❸。

MEMO

第6章と第8章で作成した写真データがない方は、練習ファ
イルの[Chap09] フォルダに [06-finished.psd] と [08-
finished.psd] を用意してあります。

3 ドラッグして写真の 配置サイズを決める

マウスカーソルの右下に、写真のサムネイルが表示された状態になりました。図を参考に、左側の黒い枠より一回り大きくドラッグします❶。

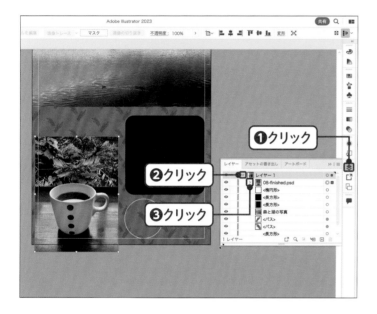

4 ［レイヤー］パネルを 表示する

左の黒い枠をすべて隠すような大きさと位置で写真が配置されました。画面右側にある［レイヤー］パネルのアイコン 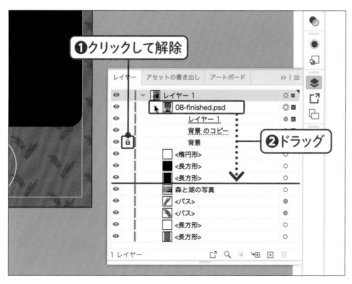 をクリックしてパネルを表示し❶、［レイヤー1］の左側にある ＞ をクリックして❷、配置した写真の左側の ＞ をクリックします❸。

> **MEMO**
>
> 写真の配置がうまくいかなかった場合は、command キー（Windowsの場合は Ctrl キー）を押しながら z キーで一段階前の手順に戻り、やり直してみましょう。

5 重ね順を変更する

ロックされたアイコン 🔒 が表示されている場合はクリックして解除したあと❶、2つある黒色の［＜長方形＞］レイヤーより下の位置に来るように、配置した写真のレイヤーをドラッグして移動します❷。

> **MEMO**
>
> レイヤーパネル内の上下位置は、アートボード上の前後関係と連携しています。

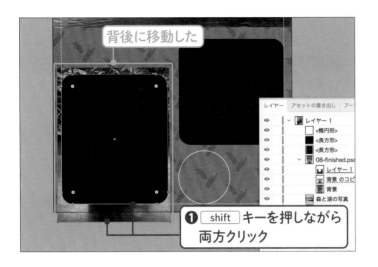

6 写真と枠を選択する

アートボード上で、黒い枠の背後に写真が移動しました。[選択ツール] ▶ で shift キーを押しながら、写真と枠を両方クリックします❶。

7 クリッピングマスクを作成する

写真と枠が同時に選択された状態のまま、[オブジェクト] メニュー→ [クリッピングマスク] → [作成] の順にクリックします❶。

8 クリップグループの中に入る

写真が枠の形にマスクされました。写真だけ位置を移動するために、マスクされた写真 (クリップグループ) をダブルクリックします❶。一時的にグループの内容を編集するモードに入ります。

⑨ 写真の位置を調整する

マスクされた写真以外の部分が半透明になり、クリップグループを編集するモードに入りました。図を参考に写真をドラッグして位置や大きさを調整し❶、何もない箇所をダブルクリックします❷。

⑩ 2枚目の写真も同様に枠の中に入れる

クリップグループを編集するモードから抜け、1枚目の写真の調整が完了しました。手順❶〜❼を参考にして、2枚目の写真（第6章で制作したマグカップの写真）も同様に右側の黒い枠でマスクさせます❶。

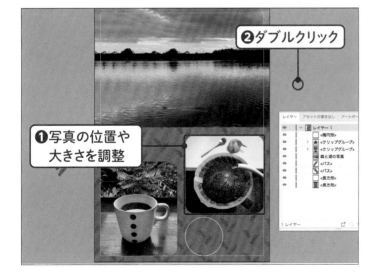

⑪ サブの写真が配置された

手順❽〜⑨を参考に、写真をダブルクリックしてからドラッグして位置や大きさを調整し❶、何もない箇所をダブルクリックします❷。以上で、サブ写真が2枚とも枠の中に配置されました。

MEMO

作業中に「ドキュメントに、ライブラリやクラウドからリンクされたアセットが含まれています」というアラートが出たら、[OK]ボタンをクリックしましょう。

Lesson 09
ロゴタイプとイラストを配置しよう

ここでは、Illustratorで作成して［CCライブラリ］に登録しておいたロゴタイプやイラストをカフェのメニューに配置します。

練習ファイル　0909a.ai　　完成ファイル　0909b.ai

1 ［CCライブラリ］パネルを表示する

画面右側にある［CCライブラリ］パネルのアイコン 🔖 またはタブをクリックしてパネルを表示し❶、ドロップダウンメニューから「森と湖かふぇ」を選択します❷。

2 ロゴタイプをドラッグ＆ドロップする

「森と湖かふぇ」ライブラリに登録されたグラフィックが表示されました。第4章で制作した「森と湖かふぇ」と書かれたロゴタイプを、アートボード上にドラッグ＆ドロップします❶。

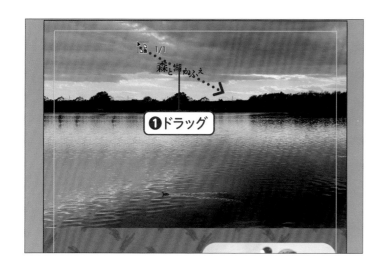

3 ドラッグして大きさを決めて配置する

マウスカーソルの右下にサムネイルが表示された状態になりました。図を参考に、メイン写真の上部中央にロゴタイプが入るようにドラッグします❶。

4 マークとイラストも配置する

ロゴタイプが配置されました。同様の手順で、第5章で制作した杉の木のマークと、第3章で制作したキャラクターのイラストを図のような位置にドラッグして配置します❶。

> **MEMO**
>
> 配置したあとにサイズ変更をする方法はP.42を参考にしてください。

5 Illustratorで制作したパーツが配置された

Illustratorで作成した3つのパーツがそれぞれの場所に配置されました。

Lesson 10

テキストを配置しよう

ここでは、カフェのメニューに文字要素を追加します。練習ファイルのテキストファイルから文字列を
コピーし、[文字ツール]を利用してIllustratorのドキュメント上に配置していきます。

練習ファイル 0910a.ai　完成ファイル 0910b.ai

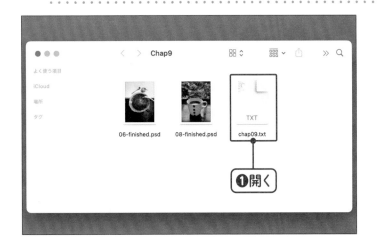

1 テキストファイルを開く

練習ファイルのテキストファイルを利用します。
[Chap09]フォルダにある[chap09.txt]をテキス
トエディット（Windowsの場合はメモ帳）などで開
きます❶。

2 1つ目のテキストを
コピーする

テキストファイルが開いたら、1行目の「11月のカ
フェメニュー」という文字列を選択し❶、[編集]メ
ニュー→[コピー]の順にクリックしてコピーします
❷。

MEMO

使用しているソフトによってはコピーの操作が異なる場合
があります。

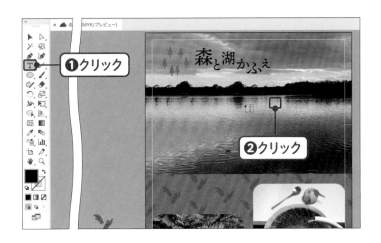

3 Illustratorで［文字ツール］をクリックする

Illustratorでツールパネルから［文字ツール］ $\boxed{T}$ をクリックし❶、図を参考に水面の上部あたりでクリックします❷。

4 テキストをペーストして色を指定する

［編集］メニュー→［ペースト］の順にクリックすると❶、「11月のカフェメニュー」がペーストされます。［選択ツール］ ▶ でテキストを選択し❷、［塗り］を「C0% M0% Y0% K0%」に設定します❸。

5 ［プロパティ］パネルでフォントを指定する

テキストの色が白色になりました。そのままテキストが選択された状態で［プロパティ］パネルのアイコン ![icon] またはタブをクリックしてパネルを表示し❶、［文字］セクションを以下のように設定します❷。

フォント	貂明朝
フォントスタイル	Regular
文字サイズ	25pt
行送り	自動（43.75）
文字のカーニング	メトリクス

6 「11」の文字だけ大きくする

フォントが貂明朝になりました。[文字ツール] T で「11」の字だけをドラッグして選択し❶、[プロパティ]パネルでサイズを「48pt」に変更します❷。

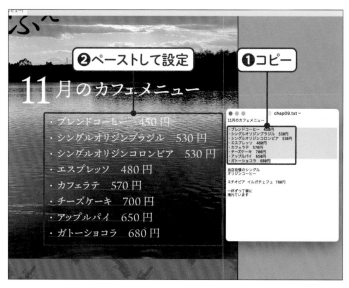

7 メニュー詳細をコピー&ペーストして指定する

「11」の字が大きくなりました。テキストファイルの3〜10行目のメニュー詳細をすべてコピーし❶、手順❸〜❹と同様の操作で図のような位置にペーストして色を変更し、[プロパティ]パネルで以下のように指定します❷。

フォント	貂明朝
フォントスタイル	Regular
文字サイズ	14pt
行送り	20pt

8 位置を調整する

メニュー詳細のテキストが8行入りました。図を参考に[選択ツール] ▶ でバランスのよい場所にドラッグして移動します❶。

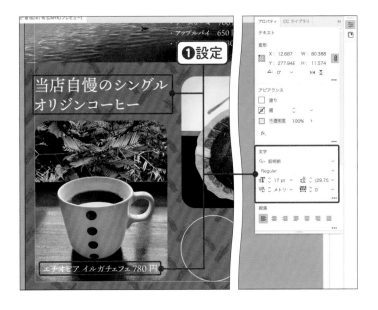

9　キャッチコピーと豆の種類を コピー&ペーストして指定する

同様に、キャッチコピーと豆の種類を入力し、以下のように設定します。

入力内容	キャッチコピー	豆の種類
フォント	貂明朝	貂明朝
フォントスタイル	Regular	Regular
文字サイズ	32pt	17pt
行送り	38pt	自動
文字のカーニング	メトリクス	メトリクス
色	C0% M0% Y0% K0%	C0% M0% Y0% K0%

10　キャラクターのセリフをコピー& ペーストして指定する

キャラクターのセリフも同様に正円の中に入力し、以下のように設定します。

フォント	貂明朝
フォントスタイル	Regular
文字サイズ	14pt
行送り	20pt
色	C0% M0% Y0% K0%
段落	中央揃え

11　必要なテキストの レイアウトができた

5つのテキストがレイアウトされ、「森と湖かふぇ」のメニューが完成しました。

Lesson 11

完成したカフェのメニューを 画像ファイルで書き出そう

最後は、完成したカフェのメニューを画像ファイルとして書き出し、プリントアウトなどに利用できるようにします。

練習ファイル 0911a.ai 完成ファイル 0911b.jpg

1 ［ファイル］メニューから ［書き出し］をクリックする

［ファイル］メニュー→［書き出し］→［スクリーン用に書き出し］の順にクリックします❶。

2 アイコンをクリックする

［スクリーン用に書き出し］ダイアログボックスが表示されました。右側中央にある［書き出し先］の右側にあるアイコン▣をクリックします❶。

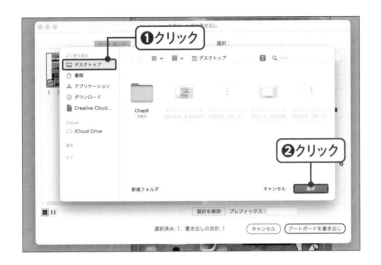

3 書き出し先を指定する

書き出し先を指定します。ここではデスクトップをクリックし❶、右下の[選択]（Windowsでは[フォルダーの選択]）ボタンをクリックします❷。

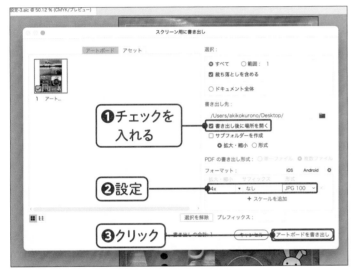

4 フォーマットを指定して書き出す

書き出し先が指定されました。[書き出し後に場所を開く]にチェックを入れ❶、フォーマットを以下のように設定し❷、[アートボードを書き出し]ボタンをクリックします❸。

拡大・縮小	4x
サフィックス	なし（空白）
形式	JPG100（.jpgで画質が100%という意味）

5 カフェのメニューが完成した

[アートボード1.jpg]という画像ファイルが書き出されました。これでカフェのメニューの画像ファイルが完成です。書き出されたファイルをダブルクリックすると❶、画像を確認することができます。

Index

た行

Web制作の学校「ロクナナワークショップ」では、デザインやプログラミングのオンライン講座、Web・IT・プログラミング、Adobe Photoshop・Illustrator などの企業や学校への出張開講、個人やグループでの貸し切り受講、各種イベントへの講師派遣をおこなっています。

IT 教育の教科書や副読本の選定、執筆、監修などもお気軽にお問い合わせください。

また、起業家の「志」を具体的な「形」にするスタートアップスタジオ GINZA SCRATCH（ギンザ スクラッチ）では、IT・起業関連のイベントも毎週開催中です。

https://ginzascratch.jp/

＊お問い合わせ

株式会社ロクナナ・ロクナナワークショップ

〒150-0001　東京都渋谷区神宮前 1-1-12 原宿ニュースカイハイツ 203

E-mail : workshop@67.org

https://67.org/ws/

https://www.rokunana.co.jp/

ロクナナワークショップはアドビ認定トレーニングセンター（AATC）です。

著者プロフィール

黒野明子（くろのあきこ）

デザイナー／講師／ Adobe Community Evangelist

1995年武蔵野美術大学短期大学部専攻科グラフィックデザインインコース修了。ファッションカメラマン事務所、広告系デザイン事務所、ウェブ制作会社勤務を経て、2003年から2018年までフリーランスとして活動。2019年より事業会社勤務のデザイナーとなり、現在は、エンタメ系サービスのUXデザインとUI設計、サービスプロモーション関連のグラフィック制作などに従事している。

デザインの学校
これからはじめる
Illustrator & Photoshopの本
［2023年最新版］

カバー／本文デザイン	クオルデザイン（坂本真一郎）
カバーイラスト	サカモトアキコ
DTP	リンクアップ
編集	田中秀春

技術評論社ホームページ　https://book.gihyo.jp/116

2023年5月16日　初版　第1刷発行
2024年5月31日　初版　第2刷発行

著者	黒野明子
監修	ロクナナワークショップ
発行者	片岡 巌
発行所	株式会社技術評論社
	東京都新宿区市谷左内町21-13
	電話　03-3513-6150　販売促進部
	03-3513-6160　書籍編集部
印刷／製本	大日本印刷株式会社

定価はカバーに表示してあります。

ISBN978-4-297-13481-5　C3055
Printed in Japan

問い合わせについて

本書の内容に関するご質問は、下記の宛先までFAXまたは書面にてお送りください。なお電話によるご質問、および本書に記載されている内容以外の事柄に関するご質問にはお答えできかねます。あらかじめご了承ください。

〒162-0846
新宿区市谷左内町21-13
株式会社技術評論社　書籍編集部
「デザインの学校　これからはじめる
Illustrator & Photoshopの本　［2023年最新版］」
質問係

FAX番号　03-3513-6167

なお、ご質問の際に記載いただいた個人情報は、ご質問の返答以外の目的には使用いたしません。また、ご質問の返答後は速やかに破棄させていただきます。